数字化人才职场赋能系列丛书

Java

编程入门

任务式学习指南

开课吧◎组编

安志刚　李伟杰 ◎编著

机械工业出版社

CHINA MACHINE PRESS

本书适用于 Java 编程语言的初学者。在 Java 入门阶段很容易陷入概念繁杂和不知道从何入手的尴尬。本书定位于 Java 程序逻辑训练，以完成任务的方式一步步进行知识点讲解，最终完成任务验收，以任务拆解学习过程，学习目的性更强。每个任务以任务描述→目标→任务线索→任务实施→验收标准→问题总结→扩展阅读的主线展开，线索学习成为任务完成的关键点，让读者在具体任务的完成过程中进行 Java 程序逻辑入门学习，除了收获知识还能了解业务内容，直观感受程序解决实际问题的过程。

本书采用了目前业界使用率较高的 IDEA 作为开发工具，每个任务均配有重要知识点串讲视频，同时提供了可免费下载的完整的源代码供读者参考学习。

图书在版编目（CIP）数据

Java 编程入门：任务式学习指南／安志刚，李伟杰编著 . —北京：机械工业出版社，2020. 8

（数字化人才职场赋能系列丛书）

ISBN 978-7-111-66040-8

Ⅰ . ①J… Ⅱ . ①安… ②李… Ⅲ . ①JAVA 语言-程序设计

Ⅳ . ①TP312. 8

中国版本图书馆 CIP 数据核字（2020）第 119692 号

机械工业出版社（北京市百万庄大街 22 号 邮政编码 100037）

策划编辑：孙 业 责任编辑：孙 业 赵小花
责任校对：张艳霞 责任印制：张 博
三河市国英印务有限公司印刷

2020 年 8 月第 1 版·第 1 次印刷
184mm×260mm · 14 印张 · 343 千字
标准书号：ISBN 978-7-111-66040-8
定价：65.00 元

电话服务 网络服务

客服电话：010-88361066 机 工 官 网：www.cmpbook.com
　　　　　010-88379833 机 工 官 博：weibo.com/cmp1952
　　　　　010-68326294 金 书 网：www.golden-book.com
封底无防伪标均为盗版 机工教育服务网：www.cmpedu.com

致数字化人才的一封信

　　如今，在全球范围内，数字化经济的爆发式增长带来了数字化人才需求量的急速上升。当前沿技术改变了商业逻辑时，企业与个人要想在新时代中保持竞争力，进行数字化转型不再是选择题，而是一道生存题。当然，数字化转型需要的不仅仅是技术人才，还需要能将设计思维、业务场景和ICT专业能力相结合的复合型人才，以及在垂直领域深度应用最新数字化技术的跨界人才。只有让全体人员在数字化技能上与时俱进，企业的数字化转型才能后继有力。

　　2020年对所有人来说注定是不平凡的一年，突如其来的新冠肺炎疫情席卷全球，对行业发展带来了极大冲击，在各方面异常艰难的形势下，AI、5G、大数据、物联网等前沿数字技术却为各行各业带来了颠覆性的变革。而企业的数字化变革不仅仅是对新技术的广泛应用，对企业未来的人才建设也提出了全新的挑战和要求，人才将成为组织数字化转型的决定性要素。与此同时，我们也可喜地看到，每一个身处时代变革中的人，都在加快步伐投入这场数字化转型升级的大潮，主动寻求更便捷的学习方式，努力更新知识结构，积极实现自我价值。

　　以开课吧为例，疫情期间学员的月均增长幅度达到300%，累计付费学员已超过400万。急速的学员增长一方面得益于国家对数字化人才发展的重视与政策扶持，另一方面源于疫情为在线教育发展按下的"加速键"。开课吧一直专注于前沿技术领域的人才培训，坚持课程内容"从产业中来到产业中去"，完全贴近行业实际发展，力求带动与反哺行业的原则与决心，也让自身抓住了这个时代机遇。

　　我们始终认为，教育是一种有温度的传递与唤醒，让每个人都能获得更好的职业成长的初心从未改变。这些年来，开课吧一直以最大限度地发挥教育资源的使用效率与规模效益为原则，在前沿技术培训领域持续深耕，并针对企业数字化转型中的不同需求细化了人才培养方案，即数字化领军人物培养解决方案、数字化专业人才培养解决方案、数字化应用人才培养方案。开课吧致力于在这个过程中积极为企业赋能，培养更多的数字化人才，并帮助更多人实现持续的职业提升、专业进阶。

　　希望阅读这封信的你，充分利用在线教育的优势，坚持对前沿知识的不断探索，紧跟数字化步伐，将终身学习贯穿于生活中的每一天。在人生的赛道上，我们有时会走弯路、会跌倒、会疲惫，但是只要还在路上，人生的代码就由我们自己来编写，只要在奔跑，就会一直矗立于浪尖！

　　希望追梦的你，能够在数字化时代的澎湃节奏中"乘风破浪"，我们每个平凡人的努力学习与奋斗，也将凝聚成国家发展的磅礴力量！

慧科集团创始人、董事长兼开课吧 CEO　方业昌随着信息时代的到来，数字化经济革命的浪潮正在颠覆性地改变着人类的工作方式和生活方式。在数字化经济时代，从抓数字化管理人才、知识管理人才和复合型管理人才教育入手，加快培养知识经济人才队伍，可为企业发展和提高企业核心竞争能力提供强有力的人才保障。目前，数字化经济在全球经济增长中扮演着越来越重要的角色，以互联网、云计算、大数据、物联网、人工智能为代表的数字技术近几年发展迅猛，数字技术与传统产业的深度融合释放出巨大能量，成为引领经济发展的强劲动力。

本书采用目前行业内使用频率非常高的 Java 编程语言为平台，按照"由简到繁"的学习规律逐步让你掌握用程序解决问题的能力。用"任务"作为主干和目标，以"主动学习"线索为基础，前期简化了很多概念性、原理性、配置性信息，读者可以在不断解决问题的过程中提升程序逻辑能力，为继续学习铺平道路。因此本书不但适合用于计算机相关专业学生提前进行入门学习，也适合对程序开发感兴趣的小伙伴阅读。一起来揭开代码世界的"神秘面纱"吧！

本书一共由 8 个任务组成，每个任务都按照任务描述→目标→任务线索→任务实施→验收标准→问题总结→扩展阅读的顺序进行结构搭建，首先了解要做什么事、目标是什么、为了完成任务有哪些知识需要学习、有没有参考任务实施方案，强调任务验收的关键点、针对任务实施过程中的问题进行总结，最后给出一部分扩展阅读来开阔眼界。8 个任务分别是认识 Java 世界、完成薪资转换工具、实现出租车计费功能、实现 Java "人机"对话、实现会议室预定管理、实现小区快递管理、实现文件加密和家庭记账系统。第 1 个任务用于了解 Java 相关概念、安装和搭建环境、完成第 1 个 Java 程序的编写；第 2~5 个任务按照过程化程序编写思路，让读者在解决一个个问题的过程中慢慢掌握程序基本"元素"的运用；第 6 个任务简单介绍了面向对象编程的相关内容，体现了解决问题思路上的变化，程序结构也有了改变，需要读者有一个熟悉、适应的过程；第 7 个任务通过对文件操作的学习，将程序中的数据保存到硬盘文件中，方便程序下次运行还能拥有"记忆"，保留程序操作数据；最后一个任务完成了一个小型项目，展现了一个项目从无到有都需要哪些环节，综合运用前面学习的技能，完成了一个"家庭记账系统"。

    本书每章都配有专属二维码，读者扫描后即可观看作者对于本章重要知识点的讲解视频。扫描下方的开课吧公众号二维码将获得与本书主题对应的课程观看资格及学习资料，同时可以参与其他活动，获得更多的学习课程。此外，本书还提供了书中所涉及的源代码以及"JDK 11 API 中文帮助文档"，读者可登录 https：//github. com/kaikeba 免费下载使用。建议读者学习时，首先按照书中展示的代码片段进行实践练习，遇到问题时再对照参考任务目录下相应的代码文件。计算机编程语言学习是一门实践性学科，通过量变达到质变是不二法则，需要通过大量的练习来强化对 Java 语言的运用。

    限于时间和作者水平，书中难免有不足之处，恳请读者批评指正。

编　者

目录

扫一扫观看串讲视频

任务 *1*
认识 Java 世界

如果你想造一艘船，不要鼓励人们去伐木、去分配
工作，唯一要做的是教会人们去渴望大海的高深莫测。

——安东尼·德·圣-埃克苏佩里

1.1　任务描述

了解 Java 编程语言的前世今生，在个人计算机中搭建 Java 开发环境，开始编写第一个 Java 语言程序，在屏幕上输出 "Hello World!"，让程序运行起来，跟世界打个招呼。同时请读者将学习过程记录下来形成笔记，汇总遇到了什么问题，最后是怎么解决的，这将是学习 Java 的宝贵财富。

1.2　目标

- 了解计算机基本概念。
- 了解 Java 历史。
- 安装 Java 语言开发环境。
- 编写第一个 Java 程序。

1.3　任务线索

本次任务比较简单，以阅读理解为主，针对 Java 程序工具的安装按照一步一图的方式展开，读者朋友们把任务线索当成 "向导"，跟着步骤就可以开始尝鲜 Java 程序代码了。

1.3.1　计算机基本概念

人类第一台计算机（Computer）是 1946 年 2 月在美国宾夕法尼亚大学诞生的 "埃尼阿克"（ENIAC）通用电子计算机。计算机是用于高速计算的电子计算机器，可以完成数值、逻辑运算，可以进行数据存储，可以输入和输出数据。编写好的程序可以在计算机上高速运行，能够按照程序自动处理海量数据。计算机的特点是："大脑" 转得快、"记忆力" 超级好，关键还很忠诚，程序发出什么指令它就执行什么指令，哪怕这个指令可能会损坏计算机本身。

阿兰·图灵（1912.6.23～1954.6.7）和约翰·冯·诺依曼（1903.12.28～1957.2.8）对于计算机的发明起到了关键作用，计算机是 20 世纪影响最深远的发明之一，它的应用领域从最初的军事领域过渡到科研教学，最后扩展到社会各个领域，已经形成了规模巨大的计算机产业。特别是互联网的发展，更是带动了全球范围的技术进步，由此引发了深刻的社会变革。从此，人类从轰隆隆的工业时代，进入了飞速发展的信息时代。

计算机是由硬件系统（Hardware System）和软件系统（Software System）两部分组成的，可以理解为一个承载了躯体，一个代表了灵魂。所谓软件，是指一系列按照特定顺序组织的计算机数据和指令。人类的意图需要通过软件让计算机知道并执行。软件大体上可分为系统软件和应用软件两大类。系统软件（System Software）负责管理计算机的各个独立硬件，使它们可以协调工作，提供基本功能，同时又给应用软件提供运行平台。

系统软件中最主要的就是操作系统（Operating System，OS），打开计算机，首先跟用户交互的就是操作系统。微软公司（创始人：比尔·盖茨）开发的 DOS 是一个基于字符的单用户、单任务系统，而随后的 Windows 操作系统则是一个多用户、多任务系统，经过二十多年的发展，已从 Windows 3.1、Windows 95、Windows 98、Windows NT、Windows 2000、Windows XP、Windows Vista、Windows 7、Windows 8 发展到最新的 Windows 10 等。Windows 是个人计算机领域使用最广泛的操作系统，除此之外还有苹果的 Mac OS。在服务器领域，Linux 是一个被广泛应用的操作系统，在互联网时代，它功不可没。

应用软件（Application Software）是和系统软件相对应的，是用户可以使用的各种程序设计语言，以及用各种程序设计语言编制的应用程序集合。比如大家经常用到的支付宝、微信、QQ、Office、浏览器、迅雷、优酷等。读者通过 Java 语言的学习就可以开发应用软件。

1.3.2 Java 历史

Java 可以说是目前国内程序开发领域使用最广泛的一门语言。Java 是 1991 年由 Sun Microsystems（曾经市值达到 2000 亿美元，全球市值第一，Google 市值第二，当时只有 300 多亿美元，而同期的苹果公司市值只有不到 100 亿美元。Oracle 于 2010 年收购了 Sun Microsystems）公司的 James Gosling（大家更喜欢叫他高司令）与他的同事们共同构想的成果。这门语言最初名为"Oak"，于 1995 年更名为"Java"，所以很多人说起 Java 的诞生，都是从 1995 年开始算的。Java 语言最大的一个特点是跨平台，因此随着 Internet 和 Web 网络的出现，以及 Web 网络对可移植程序的需求，Java 被推到了计算机语言设计的前沿，开始发挥它独特的魅力。随着本书的学习，相信读者能够感受到它浓香的咖啡味道。

1.3.3 Java 语言开发环境概述

安装程序语言开发环境是所有初学者面临的第一个门槛。其实大家也不用纠结于这个过程，就像看视频，需要先安装一个播放器，写文档，需要先安装 Word。

要想开发 Java 程序，就需要知道什么是 JVM、JRE 以及 JDK。JVM（Java Virtual Machine）是 Java 虚拟机，它是运行 Java 程序的核心。JRE（Java Runtime Environment）是 Java 运行时环境，它是支持 Java 程序运行的环境。而 JDK（Java Development ToolKit）是 Java 语言开发者工具包，它是 Java 程序开发的核心。JVM 可以理解为一个抽象的计算机，是 Java 程序跨平台特性的核心要素；JRE 是运行 Java 应用程序所必需的环境集合，其中包含了 JVM 实现以及 Java 核心类库支持文件，如果仅仅需要运行 Java 程序，那么计算机中只需要安装 JRE 即可；JDK 包括 JVM、一些 Java 工具（Javac、Java、Javadoc、jdb 等）和 Java 基础类库（即 Java API，包括 rt.jar）。因此，Java 开发者必须安装 JDK，在 JDK 的基础上才能进行 Java 程序的开发。

1.3.4　下载 JDK

目前，JDK 13 已经发布，但是 JDK 13 并非 LTS（长期支持）版本，仅仅是快速发布版本。而 Java 11 为最新的 LTS 版本，所以书中的任务实现采用 JDK 11。因为官网注册需要访问国外服务器，国内访问注册时可能会存在一些障碍，以下将正确的下载步骤进行说明。读者也可以到国内一些提供 JDK 下载的网站上获取对应版本的安装包。

下载步骤一：访问官网 https://www.oracle.com。

下载步骤二：注册，并登录。

下载步骤三：跳转到官网下载页面 https://www.oracle.com/java/technologies/javase-jdk11-downloads.html。

下载步骤四：选择对应版本进行下载，如图 1-1 所示。

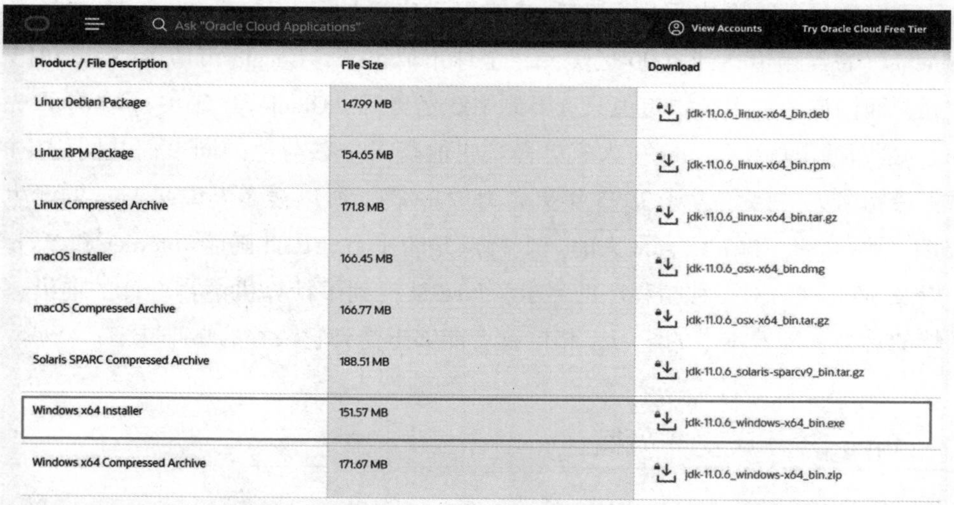

●图 1-1　JDK 11 下载链接

提示：

下载时一定要选择适合自己操作系统的安装文件，Windows 系统是无法运行 Linux 系统的安装文件的。

1.3.5 安装 JDK

下载 JDK 11 的安装文件后即可在计算机中安装 JDK 了。JDK 的安装非常简单，步骤如下（以 Windows 版本为例）。

安装步骤 1：双击安装包，如图 1-2 所示。

●图 1-2 安装包

安装步骤 2：按照图 1-3~图 1-5 所示步骤完成安装。

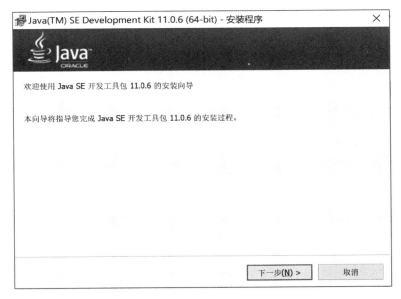

●图 1-3 安装步骤 2-1

注意：

图 1-4 中的安装目录可以修改，但是一定要记住修改后的地址，后续配置需要用到。初学时建议使用默认安装路径。

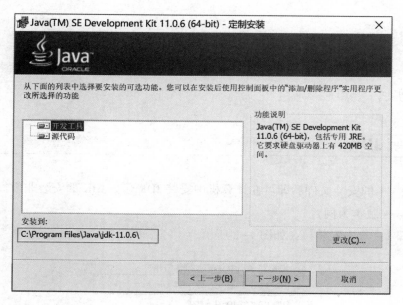

●图 1-4　安装步骤 2-2

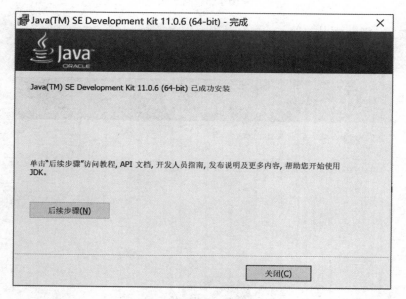

●图 1-5　安装步骤 2-3

打开具体安装目录中的"bin"目录进行查看，如图 1-6 所示。

在"bin"目录下有"javac.exe"和"java.exe"两个程序文件。"javac.exe"可以对程序员编写的源代码进行编译，生成字节码文件。"java.exe"用于直接在计算机系统上运行生成的字节码文件。编写好的 Java 程序代码需要通过这两个程序命令依次执行后才可以在计算机上运行。可以打开 Windows 自带的命令行窗口进行测试，看看"javac.exe"和"java.exe"是否会被识别。

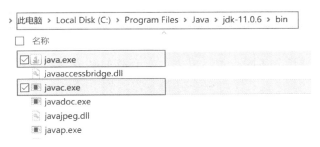

> 此电脑 › Local Disk (C:) › Program Files › Java › jdk-11.0.6 › bin

● 图 1-6 安装后的目录

打开命令行窗口的步骤：按下快捷键〈Win+R〉，弹出"运行"对话框，输入"cmd"后单击"确定"按钮，如图 1-7 所示。

● 图 1-7 "运行"对话框

当输入"java.exe"或者"javac.exe"命令（".exe"可省略）时系统是不识别的，它目前还不认识这个命令或者程序，如图 1-8 所示。

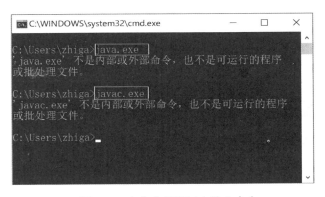

● 图 1-8 在命令行窗口中输入命令

执行 Java 代码，需要"javac"和"java"两个命令程序，如果每次编写完一个 Java 代码文件都要到这个目录下找到这两个程序再运行就太烦琐了。不管 Java 代码文件在哪个目录下，都能够自动找到安装目录下的这两个程序进行编译和执行，要怎么办呢？

安装步骤 3：配置环境变量（以 Windows 10 操作系统为例）。

环境变量（Environment Variables）就像生活中的114电话查询，如果记得电话号码就可以直接拨打，如果不记得号码，就可以通过114查询后进行拨打。当然，前提是114这边要注册好待查询的电话，否则也查不出来。为了把Java安装目录中的可执行程序（主要是"javac"和"java"）变成不管在哪个目录下都能够自动匹配，需要配置（注册）一下操作系统的环境变量。

找到"此电脑"，右击后选中"属性"，按照图1-9~图1-12进行环境变量设置。在图1-12步骤前需要把JDK安装目录下的"bin"目录完整复制。

●图1-9 环境变量设置1

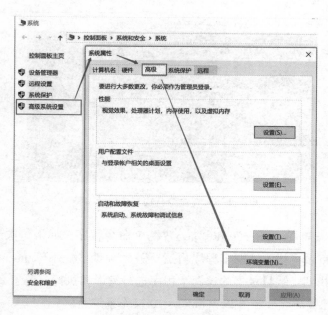

●图1-10 环境变量设置2

●图 1-11 环境变量设置 3

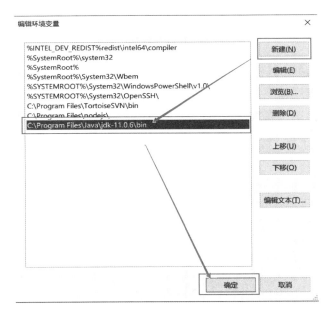

●图 1-12 环境变量设置 4（注意"bin"目录）

注意:

　　设置好环境变量以后需要重新打开命令行窗口。然后输入"java -version"命令（java 后面至少一个空格，减号和"version"中间不能有空格）就可以看到环境变量已经开始起作用，同时输出了 Java 版本，如图 1-13 所示。

●图 1-13   在命令行窗口查看 Java 版本

1.3.6   Java 程序开发步骤

图 1-14 展示了 Java 程序开发的三个步骤，下面一一展开讲解。

●图 1-14   Java 开发程序三步走

第一步：编写 Java 源代码。

源代码指编写的程序指令。首先尝试在系统自带的记事本中进行源代码的编写。在 C 盘根目录下创建一个目录，名为"Demo"，在里面创建一个文本文档，如图 1-15 所示。

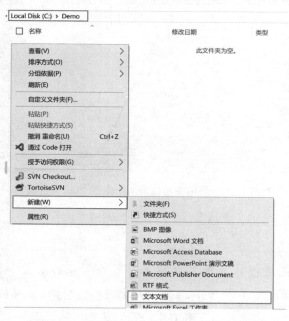

●图 1-15   新建一个文本文档（记事本文件）

需要把"新建文本文档. txt"重命名为"HelloWorld. java",此时会提示"确实要更改吗?",如图1-16所示,直接单击"是"按钮进行修改。

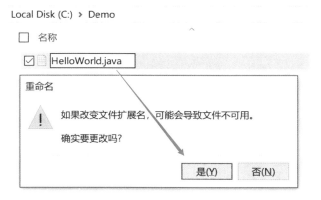

●图1-16 重命名确认对话框

注意:

有时大家的系统可能默认不显示". txt"等扩展名,需要进行系统配置显示扩展名。以Windows 10为例,可以通过图1-17所示步骤,在系统"资源管理器"中选择"查看"选项卡,单击"选项"按钮,在弹出的"文件夹选项"对话框中选择"查看"选项卡,找到"隐藏已知文件类型的扩展名",设置为未选中状态,单击"确定"按钮。还有一个快捷办法是在椭圆形状圈起来的"文件扩展名"复选框上进行勾选,效果是一样的。

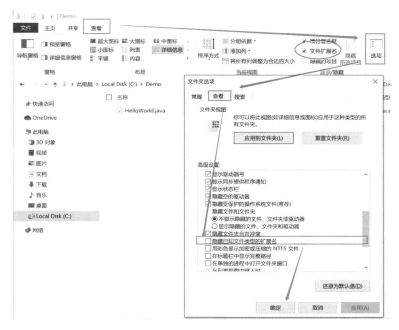

●图1-17 显示扩展名

继续编写 Java 代码的步骤。右击"HelloWorld. java"文件，在"打开方式"中选择"记事本"，如图1-18所示。然后在记事本中编写 Java 源代码。

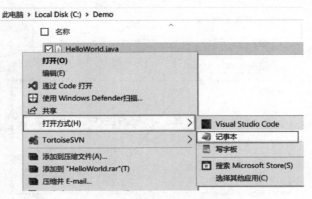

●图1-18　用记事本打开

在记事本中输入如下代码（这段代码执行后会在命令行窗口显示"Hello World!"，为了方便查看和说明，前面增加了行号，写代码的时候不写行号，如果1-19所示）：

```
1   public class HelloWorld{
2      public static void main(String[] args){
3          System.out.println("Hello World!");
4      }
5   }
```

代码编写好后使用〈Ctrl+S〉快捷键进行保存，然后关闭记事本文件。

```
HelloWorld.java - 记事本                                    —  □  ×
文件(F) 编辑(E) 格式(O) 查看(V) 帮助(H)
public class HelloWorld{
        public static void main(String []args){
            System.out.println("Hello World!");
        }
}
```

●图1-19　记事本编写 Java 代码

注意：

编写 Java 程序的时候要严格区分大小写（如 public 和 Public 是两回事），严格区分中英文符号。图1-19中5行代码的字母和标点符号都是英文符号。

第二步：编译 Java 程序。

正确编写 Java 程序的源代码后，接下来就应该编译 Java 源文件来生成字节码文件（扩展名为 .class）了，编译 Java 程序需要使用 JDK 中提供的"javac"命令。用前面提到的方法打开命令行窗口，用"cd"命令转到 C 盘下的"Demo"文件夹中（"cd"是 DOS 命令，用于改变命令行窗口中的当前目录结构），如图 1-20 所示。

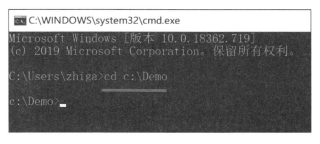

●图 1-20　命令行切换文件夹

在 Demo 文件夹中已经写好了"HelloWorld. java"文件，用"javac"命令进行编译，如果编译成功，不会提示任何错误信息，如图 1-21 所示。

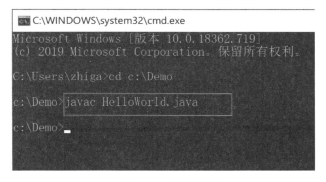

●图 1-21　编译成功

编译成功后，会在"HelloWorld. java"所在文件夹下生成"HelloWorld. class"字节码文件，如图 1-22 所示，这个字节码文件下一步就可以通过"java"命令直接执行了。

Local Disk (C:) > Demo

☐ 名称

☐ HelloWorld.class

☐ HelloWorld.java

●图 1-22　生成字节码文件

第三步：运行 Java 程序。

运行 Java 程序需要使用"java"命令。在打开的命令行窗口中继续输入"java HelloWorld"命令，然后按下〈Enter〉键（回车）确定，此时系统开始执行写好的 HelloWorld 程序，并在命令行窗口中打印"Hello World!"，如图 1-23 所示。

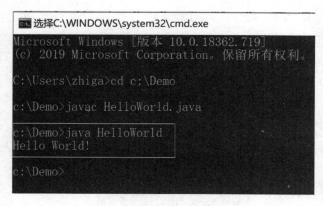

●图1-23　运行 Java 程序

注意：

"java" 命令后面的是 Java 类名，不要将 ". class" ". java" 加到后面。源代码中 "class" 后面的 "HelloWorld" 就是类名，如图 1-24 所示。同样，编写的时候需要严格区分大小写。

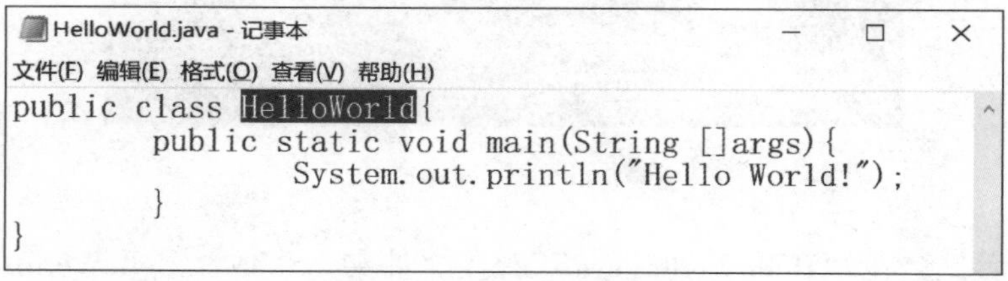

```java
public class HelloWorld{
        public static void main(String []args){
                System.out.println("Hello World!");
        }
}
```

●图1-24　"class" 后面的类名 "HelloWorld"

1.4　任务实施

首先，请根据提供的线索完成 Java 开发环境的搭建，用记事本编写自己的第一个 Java 程序，通过编译（"javac"）和运行（"java"）命令完成 "Hello World!" 字符串的输出。

其次，将整个学习过程中的思考和问题记录下来，形成笔记。关于 Java 的历史也可以通过互联网了解更多内容，提升对 Java 的认识，一并归纳到笔记中。

1.5 验收标准

1）检查 Java 环境是否搭建完成。

2）检查程序代码是否可以正常运行。

3）检查程序代码规范（比如缩进格式，后续内容会增加对代码规范的更多说明）。

1.6 问题总结

1）为什么"javac"命令提示"不是内部或外部命令"？

思考方向：①请检查环境变量是否正确配置（路径中是否包含了"bin"）；②尝试关闭命令行窗口重新打开（环境变量的生效从新的命令行窗口运行开始）。

2）编译时出现一系列语法错误。

思考方向：首次编写程序，看到这么多的单词（指令）和标点符号，也不知道它们代表什么，的确容易发懵。共性问题是检查大小写是否正确区分，是否使用英文标点符号，其他情况逐行分析一下：

- "public class HelloWorld｛"：在"public"、"class"和"HelloWorld"中间至少要有一个空格，最后以大括号开始类的内容。

- "public static void main（String［］args）｛"："public"、"static"、"void"和"main"中间至少要有一个空格，小括号和中括号要成对，"String"的"S"是大写，唯一能够变化的是"args"可以取一个别的名字，比如写成"ar"也可以，后续会详述关于命名规范的问题。"public"前面的空格是可选的，为了对齐可以通过键盘上的〈Tab〉键进行缩进。最后以大括号开始方法内容。

- "System. out. println（"Hello World！"）；"："System"前面的空格是用于缩进的，不是必需项。这句话的作用是在命令行窗口输出双引号中的字符。因此，这里的"Hello World！"可以替换为别的内容。最后是英文分号结尾。

- 后面的两行分别是第一行和第二行"大括号开始"匹配的"大括号结束"，空格是为了缩进对齐。

3）修改双引号中的"Hello World！"时命令行窗口中没有体现修改后的内容。

思考方向：每次修改源代码（". java"文件）后要记得保存，同时需要重新进行一次编译（"javac"命令）和运行（"java"命令）才可以。

4）源代码中的程序都是什么意思？

在下一个任务线索中会详细介绍，针对目前已经完成的代码，读者可以修改不同输出内容来感受过程，如图 1-25 所示。注意：每次修改源代码文件（".java"）后都需要经过保存、编译（"javac"）和运行（"java"）三个环节，才能看到正确结果。

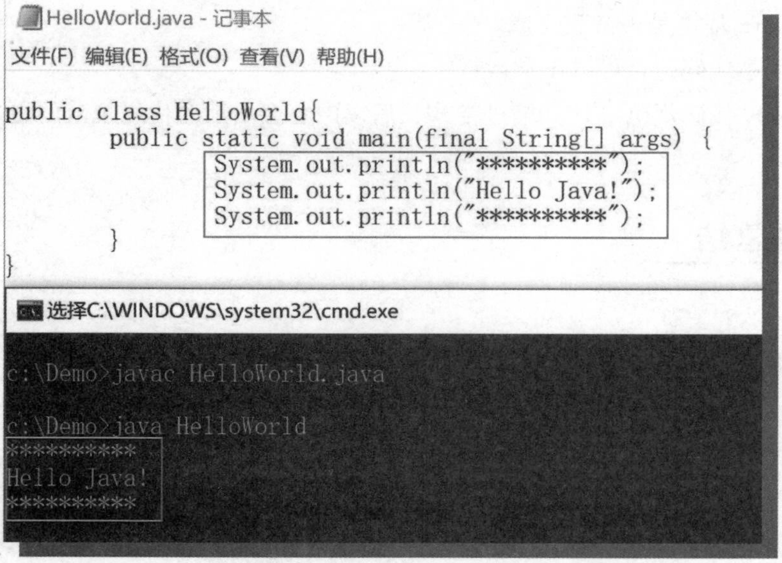

●图 1-25　命令行窗口输出不同内容

另外，修改程序中的输出语句为中文，如"System. out. println("你好世界!");"，在编译时会报错，原因是记事本的编码与命令行窗口的编码不一致。可以直接在 IDEA 这样的专业开发工具中进行中文输出，请参考 1.7.4 节"安装 IDEA 完成 Java 代码的编写和运行"。

1.7　扩展阅读

1.7.1　Java 平台的版本划分

Java 发展至今，按应用范围划分为 3 个版本，即 Java SE、Java EE 和 Java ME。

（1）Java SE（Java Platform Standard Edition）

Java SE 是 Java 的标准版，是 Java 的基础，它包含了 Java 语言基础、I/O（输入/输出）、网络通信（Socket）、多线程以及 JDBC（Java 数据库连接）操作和 GUI 编程等技术，并且 Java SE 为 Java EE 提供了基础以支持 Java Web 服务的开发。本书所介绍的 Java 基础知识均为 Java SE 的相关内容。

（2）Java EE（Java Platform Enterprise Edition）/Jakarta EE

Java EE 是 Java 的企业级应用程序版本。Java EE 是在 Java SE 的基础上构建的，能够帮助人们开发和部署服务器端 Java 应用程序。2017 年，Oracle 公司将 Java EE 移交给开源组织 Eclipse 软件基金会，2018 年 Eclipse 将 Java EE 改名为 "Jakarta EE"。目前 Java EE（Jakarta EE）由开源社区进行维护。

（3）Java ME（Java Platform Micro Edition）

Java ME 为在移动设备和嵌入式设备（如手机、电视机顶盒等）上运行的应用程序提供环境。目前 Java ME 已经不常使用，在 Google 的 Android 系统问世后，绝大部分移动设备使用了 Android 系统，Android 系统中的应用程序基于 Java SE 而不是 Java ME。

1.7.2　Java 语言是否跨平台

Java 语言是跨平台的编程语言，这里说的平台指的是计算机中的 CPU 和操作系统的整体。CPU 种类繁多，不同类型的 CPU 使用不同的指令集，不同的操作系统支持不同的指令集。因为目前主流的操作系统支持大部分主流的 CPU 全部指令集，所以在操作系统层面上就屏蔽了 CPU 种类的不同，但是操作系统根据 CPU 中通用寄存器的宽度也分成了 32 位和 64 位，所以目前说的 Java 语言跨平台指的是跨操作系统版本。

1.7.3　如何实现 Java 跨平台

Java 是利用 JVM（Java 虚拟机）实现跨平台的。

Java 源代码（"＊.java"）经过 Java 编译器编译成 Java 字节码（"＊.class"），执行 Java 字节码时，Java 字节经过 JVM 解释为具体平台的具体指令并执行。不同平台有不同的 JVM，主流平台都提供了 JVM，所以 Java 字节码可以在主流平台上解释执行。在这个意义上 Java 是跨平台的，也就是说，Java 的字节码是跨平台的。

1.7.4　安装 IDEA 完成 Java 代码的编写和运行

用记事本编写 Java 源代码效率低，排错难，执行烦琐。很多第三方都提供了不同的编写 Java 代码的工具，这些工具除了可以提高编写代码的效率，还集成环境部署、运行、调试、扩展等功能，所以也称为集成开发环境（Integrated Development Environment，IDE），是一种辅助程序开发人员开发软件的应用软件。

本书后续内容中涉及的代码均使用 IntelliJ IDEA（简称 IDEA）进行开发。IDEA 是一款商用的 Java 集成开发环境，由 JetBrains 软件公司（前称是 IntelliJ）研发。虽然是付费软件，但是目前国内大部分 Java 程序员都首选 IDEA。IDEA 面向学生用户和开源社区提供了免费版本，可以通过申请获得。以下对安装 IDEA 和编写运行程序的过程进行说明。

1）获取 IDEA。

可以从官方网站上下载获取，网址：https://www.jetbrains.com/idea/download/。

2）安装 IDEA。

如图 1-26～图 1-29 所示，按照安装向导，单击"Next"按钮，直到图 1-30 时单击"Finish"按钮完成。

●图 1-26　IDEA 安装向导 1

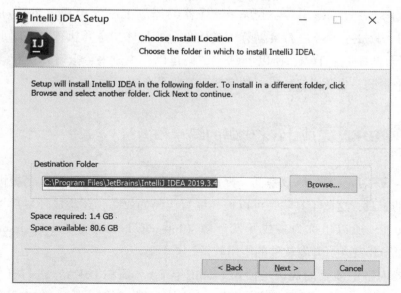

●图 1-27　IDEA 安装向导 2

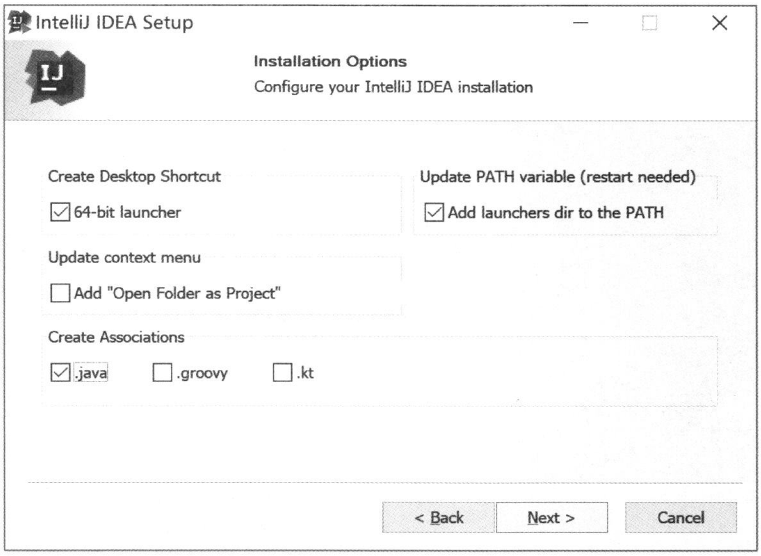

●图 1-28 IDEA 安装向导 3

●图 1-29 IDEA 安装向导 4

3）打开 IDEA。

首次启动 IDEA 时会出现图 1-31 所示的配置对话框，直接单击"OK"按钮。

出现图 1-32 所示的用户协议对话框，勾选复选框，单击"Continue"按钮。

在图 1-33 所示的对话框中单击"Don't send"按钮。

在图 1-34 所示对话框中单击"Skip Remaining and Set Defaults"按钮。

在图 1-35 所示对话框中单击"Evaluate for free"选择免费试用，输入电子邮箱后依次单击"Evaluate"和"Continue"按钮即可。

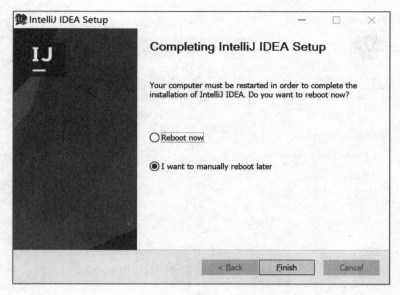

●图 1-30　IDEA 安装向导 5

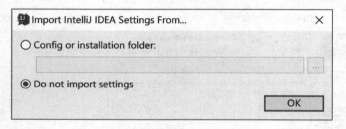

●图 1-31　IDEA 配置对话框

●图 1-32　首次启动 IDEA 1

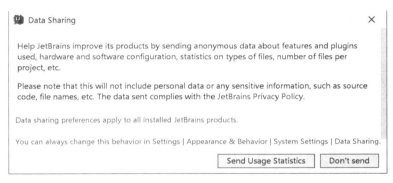

●图 1-33 首次启动 IDEA 2

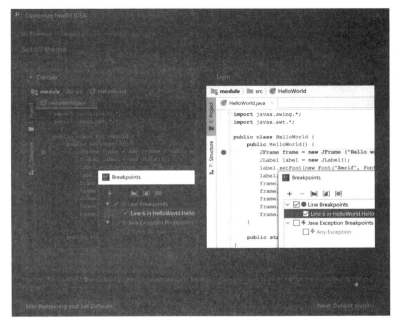

●图 1-34 首次启动 IDEA 3

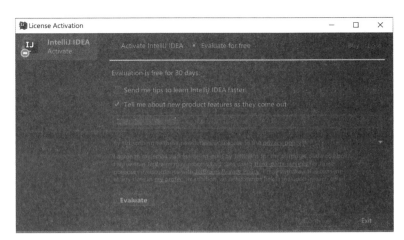

●图 1-35 首次启动 IDEA 4

4）创建 Java 项目，编写 "HelloWorld" 程序。

在图 1-36 所示的对话框中选择 "Create New Project" 来新建项目。

●图 1-36　创建 IDEA 项目 1

图 1-37 所示对话框中不需要创建其他类型项目，直接单击 "Next" 按钮。到图 1-38 时继续单击 "Next" 按钮。

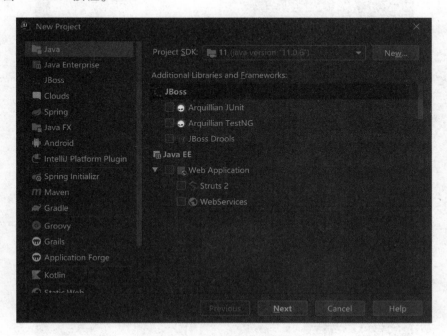

●图 1-37　创建 IDEA 项目 2

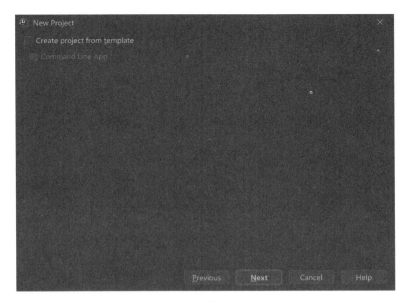

●图 1-38　创建 IDEA 项目 3

出现图 1-39 所示对话框时，在 "Project name" 文本框中输入项目名称，在 "Project location" 中选择存储项目的目录，单击 "Finish" 按钮后完成创建。

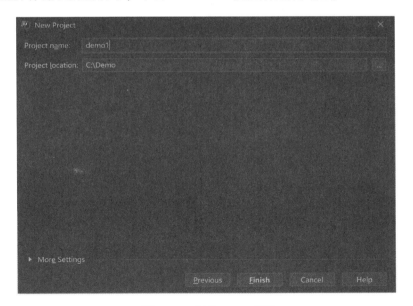

●图 1-39　创建 IDEA 项目 4

如果出现图 1-40 所示的每日提示对话框，取消勾选 "Show tips on startup" 复选框，直接单击 "Close" 按钮关闭即可。

在 "demo1" 项目中选择 "src" 文件夹（"src" 是存放源代码的文件夹），如图 1-41 所示，右击后选择 "New" → "Java Class"。

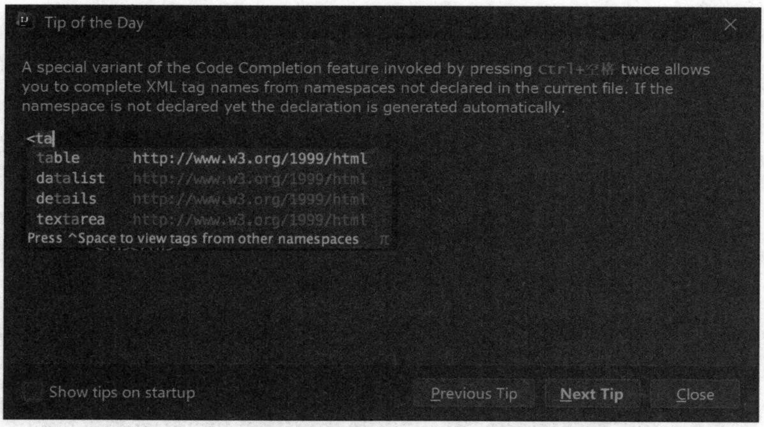

●图 1-40　IDEA 提示对话框

●图 1-41　创建一个 Java 类文件

在图 1-42 所示对话框中输入类名"HelloWorld"确认。

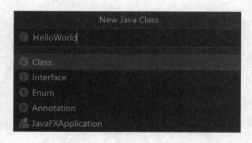

●图 1-42　输入 Java 类名

创建好的"HelloWorld. java"文件中会自动写好代码最外层的结构。根据前面输入的代码，补充完整输出代码，如图 1-43 所示。

```
1    public class HelloWorld{
2
3    }
```

●图 1-43　编写 HelloWorld 代码

因为 IDEA 集成了编译和运行功能，所以只需要在菜单中选择"Run→Run'Hel-loWorld'"即可，如图 1-44 所示。

●图 1-44　运行"HelloWorld"类

程序输出结果在 IDEA 中也可以直接看到，如图 1-45 所示。

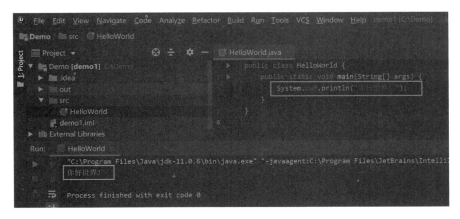

●图 1-45　HelloWorld 输出结果

运行后看一下项目目录结构，如图 1-46 所示，源代码在"src"目录中，生成的字节码文件".class"在"out"目录下。

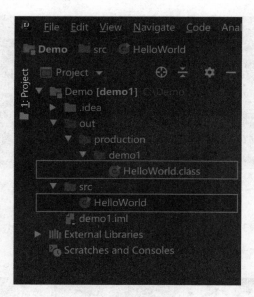

●图 1-46　IDEA 项目目录结构

　　至此，就完成了 IDEA 的安装、Java 代码编写和运行全过程，在此基础上可以编写更多实用功能，解决具体问题。一起挑战接下来的任务吧！

扫一扫观看串讲视频

任务 2
完成薪资转换工具

给我物质，我就能用它造出一个宇宙来。

——康德

2.1　任务描述

　　程序是如何帮助人类提高生产效率的？程序世界是由什么组成的？想在 Java 程序中如鱼得水，首先需要了解 Java 程序的基本语法。通过本次任务线索的学习，完成薪资转换工具。需求如下：当用户输入月薪时，计算出对应的日薪（每月工作日 22 天）和年薪（1 年13 薪），并进行输出显示，如图 2-1 所示。

```
***薪资转换工具v1.0***
请输入月薪（人民币）：12000
您的日薪：￥545.45
您的年薪：￥156,000.00
```

●图 2-1　工资转换工具运行效果

2.2　目标

- 掌握 Java 的基本输入输出。
- 掌握 Java 的基本数据类型和变量。
- 掌握 Java 运算符。
- 掌握格式化输出。

2.3　任务线索

　　为了完成薪资转换工具，在理解需求的基础上需要学习 Java 语言如何开始编写，程序的结构是什么样的，数据应该存储在哪里，如何进行数据的输入，如何根据输入的数据进行处理后按照格式要求进行输出，带着这些问题一起开始进行学习吧。

2.3.1　Java 程序基本结构及注释

　　本线索为读者提供了 Java 程序编写的基本结构，详细说明"HelloWorld"程序中各个指令的作用，同时完成如何正确使用注释的相关内容。

1. Java 程序基本结构

任务 1 中的"HelloWorld. java"程序文件（见图 2-2）中第 1 行和第 5 行构成了最外层结构，由一对大括号（"{}"）组成，称为类结构。"public""class"是 Java 中的关键字，表示公共的类。目前情况下，这两个关键字是必选项。"HelloWorld"是类名，Java 代码都是以类为基本单位进行组织的，类中可以包含属性和方法。"HelloWorld. java"程序文件中目前只有一个类（"HelloWorld"），也可以同时编写多个类，但是最外层并列的类中用"public"修饰的类只能有一个且与文件名要一致，否则程序会报错。

第 2 行和第 4 行是类"HelloWorld"中的方法，同时这也是最特殊的一个方法，是 Java 程序的入口。Java 程序运行代码都从"main"这个方法开始，"main"方法必须要用"public"和"static"进行限定，"void"代表不返回任何类型，小括号中的"String [ ] args"是一个参数，此处代表一个字符串数组"args"。除了"args"可以修改，其他项都是固定的，用一对大括号（"{}"）表示方法的开始和结束。

第 3 行代码的作用是向控制台（也称为命令行窗口）输出文本。"System"是系统定义好的类名，"out"是其中的一个静态成员，它是"PrintStream"类型，其中有一个方法是"printf"，用于输出文本。小括号和双引号中间的内容就是要输出的文本（字符串），可以是英文，也可以是中文或者其他标点符号，还有一些特殊的转移码（在 2.3.3 节"Java 控制台输入输出"中进行阐述）。注意小括号和双引号都是英文标点符号，最后需要用一个英文的分号结尾。

从图 2-2 中可以看到，代码之间存在嵌套和对齐的情况。Java 代码中，指令之间的空格和换行不影响程序正常执行，IDEA 会自动完成代码对齐，使源代码看起来层次清晰。类和方法定义时都用大括号进行范围限定，本示例"main"方法中的输出语句需要以英文标点符号分号（";"）结尾。

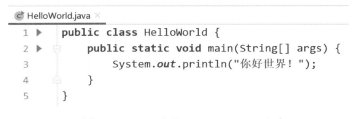

●图 2-2　IDEA 中的"HelloWorld"程序

2. Java 程序代码中的注释

程序中的每个指令都是程序员面向计算机发出的"命令"，只要语法正确，计算机就会按照"命令"进行执行。但是，在实际工程项目中，一个人常常需要编写很多行功能代码，一个团队之间也需要进行代码的维护、管理和升级。因此，程序员除了面向计算机编写代码，还需要考虑管理自己写的代码，防止因业务规模扩大和复杂化导致代码不好维护。从项目整体的角度来看，团队协同、功能升级等不同场景下，如何使人与人之间能够快速理解代码编写思路也显得尤为重要。因此，程序员在编写代码的同时，还需要额外写一些针对关键代码的文字性注解，来促进代码质量管理。这些代码中的注解称为注释。注释在源代码中有解释代码的功能，可以增强程序的可读性、可维护性，还可以在源代码中用于处理无需运行的代码块来调试程序的功能正确执行。注释不会被计算机识别。

Java 代码中的注释分为三种类型，分别是：单行注释、多行注释和文档注释。

（1）单行注释

通过两个连续的斜杠（"//"）将单行后面出现的内容进行注释，如图 2-3 所示。单行注释一般用于方法内部某一个代码行的解释说明。

```
1  public class HelloWorld {
2      public static void main(String[] args) {
3          System.out.println("你好世界！");     // 输出
4      }// main方法结束
5  }
6  // HelloWorld类结束
```

●图 2-3　单行注释

在 IDEA 中，单行注释的快捷键是〈Ctrl+/〉，再次按下将撤销注释。

（2）多行注释

以 "/*" 两个符号开始，"*/" 两个符号结尾，中间的内容都是被注释的内容，可以跨多行，当然单行使用也是可以的。如图 2-4 所示，在程序开始部分和 "main" 方法中间分别使用了多行注释，这些被注释的代码不会被执行。多行注释可用于修改记录标记、复杂代码块的实现说明等场景。

```
1  /*
2      举头望明月
3      低头写代码
4  */
5  public class HelloWorld {
6      public static void main(String[] args) {
7          System.out.println("你好世界！");
8          /*System.out.println("天天学习");
9          System.out.println("好好向上");*/
10     }
11 }
```

●图 2-4　多行注释

在 IDEA 中，多行注释的快捷键是〈Ctrl+shift+/〉，再次按下将撤销多行注释。

（3）文档注释

以 "/**" 三个符号开始，"*/" 两个符号结尾，看上去跟多行注释没什么区别。不一样的地方在于使用"javadoc"工具（JDK 自带的工具）来生成信息，并输出到 HTML 文件中。常常用于类、方法、属性、常量、接口、静态数据的说明，同时提供了很多预定义标签，用"@"符号开始。编写程序的时候有一套特定的标签作为注释，程序编写完成后，通过"javadoc"就可以同时形成程序的开发文档了。如图 2-5 所示，在"HelloWorld"类和"main"方法上面分别写了文档注释。随着 Java 学习的深入，对于文档注释的使用场景会越来越清楚。

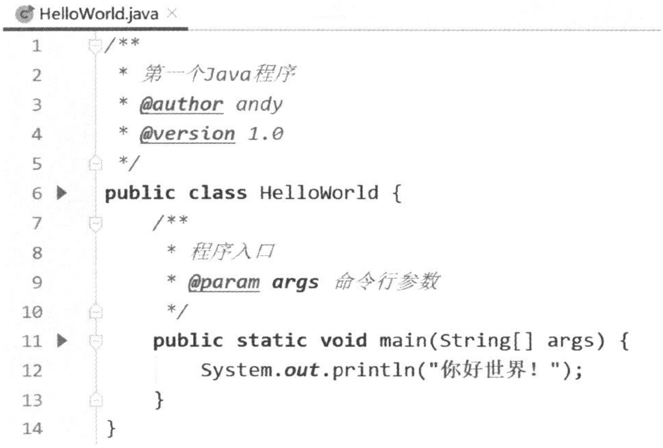

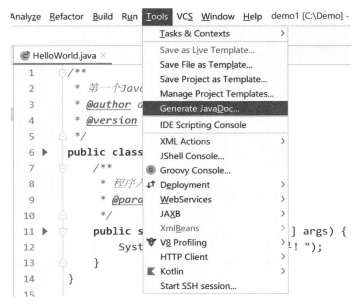

●图 2-5　文档注释

通过 IDEA 提供的"javadoc"生成功能可以方便、直观地得到文档注释的输出效果，接下来说明一下操作步骤。首先，如图 2-6 所示，单击菜单中的"Tools"→"Generate JavaDoc"命令。

●图 2-6　生成 JavaDoc

在"Generate JavaDoc"对话框中进行相关配置，如图 2-7 所示。

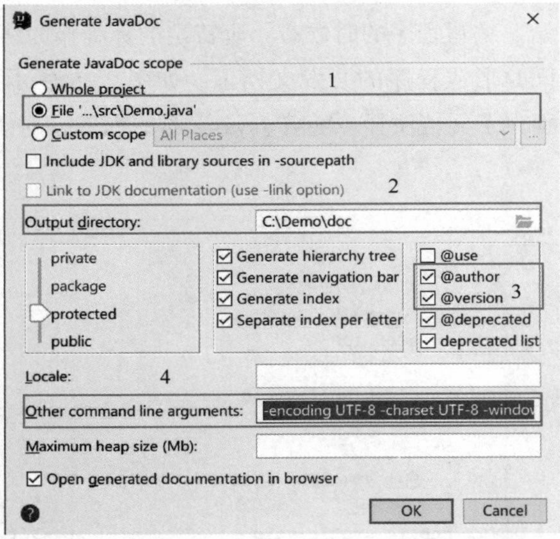

● 图 2-7 "Generate JavaDoc"对话框配置

图 2-7 中标记为 1 的地方选择了单个文件；标记为 2 的地方指定了输出 HTML 文件（网页文件）的路径；标记为 3 的地方勾选了文档注释中指定的两个标签复选框；标记为 4 的地方填写向"Javadoc. exe"程序传递的参数。参数需要写在一行，为了方便解释以换行形式展示。

```
-encoding UTF-8
-charset UTF-8
-windowtitle "测试文档注释"
-link  https://docs.oracle.com/en/java/javase/11/docs/api
```

第一个参数"-encoding UTF-8"表示源代码是基于 UTF-8 编码的，以免处理过程中出现乱码。

第二个参数"-charset UTF-8"表示在处理并生成网页文档时使用的字符集也是以 UTF-8 进行编码。

第三个参数"-windowtitle"表示生成的网页文档在浏览器中打开时浏览器窗口标题栏要显示的文字。

第四个参数"-link"表示如果生成的文档会中涉及对外部 Java 类的引用，通过指定"https：//docs. oracle. com/en/java/javase/11/docs/api"参数可以直接指向官方 API 对应的详细文档地址。

单击图 2-7 的"OK"按钮后开始生成说明文档，如图 2-8 所示。

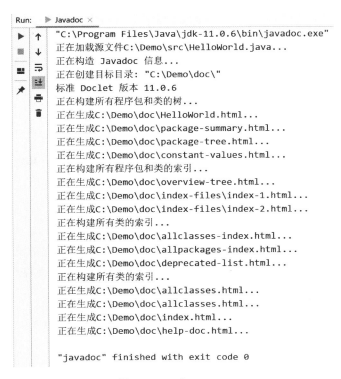

●图 2-8　生成"javadoc"

图 2-9 是网页文档打开后的部分预览效果。

●图 2-9　网页文档预览效果

编写文档注释时，在类或者方法上面一行先输入"/＊＊"再按〈Enter〉键即可生成文档注释块。

2.3.2 标识符命名规范

在编写 Java 项目过程中会涉及很多需要命名的场景，比如给项目、包、类、方法、变量、常量、数组等（未接触的概念后续会陆续学习）命名，这些都统称为标识符命名。在项目规模大、业务复杂的情况下如果不能进行很好的标识符命名管理，整个代码管理将是一场灾难。

关于标识符的命名规则如下。

1）只能由数字、字母、下划线和"$"组成（随着 Java 本地化的支持加强，使用中文也不会报错，但是从程序编写效率和习惯的角度，建议不要使用中文命名）。

2）不能以数字开头。

3）不能有 Java 的关键字和保留字（见图 2-10），除此之外"true"、"false"和"null"看起来像关键字，但是它是一个特殊的值，也不能用于标识符命名。

abstract	continue	for	new	switch
assert	default	goto	package	synchronized
boolean	do	if	private	this
break	double	implements	protected	throw
byte	else	import	public	throws
case	enum	instanceof	return	transient
catch	extends	int	short	try
char	final	interface	static	void
class	finally	long	strictfp	volatile
const	float	native	super	while

● 图 2-10　Java 中的关键字和保留字

4）严格区分大小写，比如"UserName"和"userName"是两个不同的名称。

5）相同范围内不能定义重复名称。

6）应该使用有意义的名称，达到见名知意的目的。虽然名称长度未做限制，但是从实用性角度考虑不宜过长。

7）从 Java 从业者约定俗成的角度，针对不同类型的标识符有一些特定的共识，同时不同的公司内部还有更细化的规范和标准。通识性规范如下。

① 包名：全部小写，用"."隔开。例如："com. kaikeba. xinzhike"。

② 类或接口：所有单词首字母大写。例如："Teacher""UserDao"。

③ 方法或变量：第一个单词首字母小写，从第二个单词开始首字母大写。例如："age""getName"。

④ 常量：全部大写，单词之间用下划线"_"隔开。例如："PI""CONFIRM_OK"。

遵循这些命名规范，不仅能增加代码的可读性、便于管理，还能够在实际开发中减少很多不必要的麻烦。

2.3.3　Java 数据类型和变量

人类在生活中解决问题时通常会先归类，然后找原因尝试破局。程序处理的是各种数据，同样也需要对数据进行分类。Java 中的数据类型分为引用数据类型和基本数据类型（也叫原始数据类型），如图 2-11 所示，本小节重点讨论常见的基本数据类型和字符串类型。

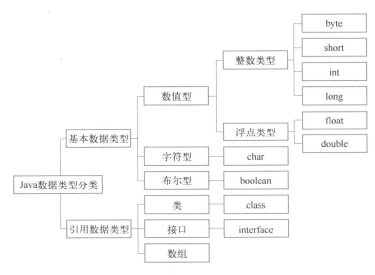

●图 2-11　Java 数据类型示意图

1. 基本数据类型

（1）整数类型

在程序中整数类型有四种选择，最常用的是"int"类型，最小值为 -2^{31}，最大值为 $2^{31}-1$。其次是"long"类型和"short"类型，取值范围分别是 $-2^{63} \sim 2^{63}-1$ 和 $-32\,768 \sim 32\,767$。"byte"类型最小值为 -128，最大值为 127，常用于文件操作。

（2）浮点类型

程序中遇到有小数点的操作经常用的是"double"类型（同时也是默认的小数类型），即双精度浮点型，取值范围为 $4.9E-324 \sim 1.797631348623157E+308$（E+308 表示是乘以 10 的 308 次方，E-324 表示乘以 10 的负 324 次方）。"float"是单精度浮点型，取值范围为 $1.4E-45f \sim 3.4028235E+38f$。

（3）字符类型

"char"是单个16位Unicode字符。最小值为"\u0000"（或0），最大值为"\uffff"（或65 535，含该值）。"char"类型的数据需要用单引号括起来，存储的是单个字符。

（4）布尔类型

"boolean"数据类型只有两个可能的值："true"和"false"，代表"真"和"假"两种状态。通常用于逻辑判断。

在学习以上八种基本数据类型的时候经常容易忽略它们的默认值，在此整理为图2-12所示。

byte	short	int	long	float	double	char	boolean
0	0	0	0L	0.0f	0.0d	'\u0000'	false

●图2-12　基本数据类型默认值

2. 字符串类型

关于字符串操作，Java通过"java. lang. String"类提供了特殊支持。用双引号括起来的内容会自动创建为一个新字符串对象，字符串是一个不可变对象。字符串类型特殊的地方在于可以像基本类型一样直接通过等号（"="）进行赋值，连接时也可以支持用加号（"+"）。字符串的默认值是"null"。以下代码片段是关于字符串的示例。

```
1    String message = "":
2    message = "有朋自远方来";
3    message = message + ",不亦乐乎";
4    System.out.println(message);   //输出:有朋自远方来,不亦乐乎?
```

3. 变量

程序中所处理的数据值会被保存到变量中，通过变量名可以取值和赋值。因为Java语言是一个强类型语言，所以类型决定变量可以存储什么样的值。使用变量时必须先声明是什么类型，然后才能够使用。

声明变量的语法："数据类型　变量名;"，可以在声明的时候直接给变量赋值，例如："数据类型 变量名 = 值;"。

以下代码演示了常见数据类型和变量的使用示例。

```
1    /*
2    * 变量示例
3    */
```

```
4    public class VariablesDemo {
5        public static void main(String[] args) {
6            int age = 18;                          //年龄,int 类型
7            double score = 98.5;                   //成绩,double 类型
8            char color = '红';                     //颜色,char 类型,注意单引号
9            boolean isPass = true;                 //是否及格,boolean 类型
10           String name = "行者";                  //姓名,String 类型,注意双引号
11           //输出
12           System.out.println("姓名:" + name);
13           System.out.println("年龄:" + age);
14           System.out.println("成绩:" + score);
15           System.out.println("是否及格:" + isPass);
16           System.out.println("喜欢的颜色:" + color);
17       }
18   }
```

输出结果如图 2-13 所示。

姓名：行者
年龄：18
成绩：98.5
是否及格：true
喜欢的颜色：红

●图 2-13　变量示例输出结果

单个变量中每次只能保存一个有效值,最新的赋值会覆盖之前的数据。通过变量名可以读取变量中的具体数据值。变量赋值用等号（"="）,意思是取得右边的值,把它复制到左边（比如:"age = 18;"）,不能反过来写（"18 = age;"）。

2.3.4　Java 控制台输入输出

1. 控制台输出

前面已经尝试用 "System. out. println( );" 向控制台输出内容,下面补充转义符的相关内容。首先看如下示例代码。

```
1    public class Demo {
2        public static void main(String[] args) {
```

```
3          System.out.print("举头望明月");     //print
4          System.out.print("低头写代码");
5          System.out.print("---------");
6          System.out.println("天天学习");     //println
7          System.out.println("好好向上");
8      }
9   }
```

输出结果如图 2-14 所示。

举头望明月低头写代码---------天天学习
好好向上

●图 2-14 输出结果

发现与预想不一样。输出语句中使用"println"表示输出后换行，如果使用"print"，程序将按照代码编写的顺序直接显示，不会进行换行。为了达到预期效果对代码进行如下调整，增加了一个"\n"，这就是一种转义符，代表换行。

```
1   public class Demo {
2       public static void main(String[] args) {
3           System.out.print("举头望明月\n");//结尾处增加了\n
4           System.out.print("低头写代码\n");
5           System.out.print("---------\n");
6           System.out.println("天天学习");//println
7           System.out.println("好好向上");
8       }
9   }
```

输出结果如图 2-15 所示。

举头望明月
低头写代码

天天学习
好好向上

●图 2-15 增加"\n"后的输出结果

常见的转义符有："\n"是换行；"\t"是一个制表位；"\\"代表一个反斜线字符"\"；"\'"代表一个英文单引号（"'"）字符；"\""代表一个英文双引号""字符。请读者自己写测试代码进行尝试。

2. 控制台输入

从控制台接收用户输入需要三步：第一步，通过导入包指定 Scanner 类（"import java.util.Scanner;"），该代码需要写在一开始类的上面；第二步，创建 Scanner 的对象 input，以后用 input 就可以（"Scanner input = new Scanner(System.in);"），目前阶段暂时将该代码写在"main"方法中；第三步，通过 input 对象的不同方法接收用户输入开始使用，注意不同方法的返回数据类型不同，如图 2-16 所示。

```
Demo.java ×
1    // 第一步，通过导入包指定Scanner类
2    import java.util.Scanner;
3 ▶  public class Demo {
4 ▶      public static void main(String[] args) {
5            // 第二步，创建Scanner的对象input，以后用input就可以
6            Scanner input = new Scanner(System.in);
7            // 第三步，通过input对象引用不同方法接收用户输入
8            System.out.print("请输入姓名：");       // 首先进行提示，注意输出后没有换行
9            String name = input.nextLine();        // 接收用户输入的一行信息（字符串类型）存入name
10           System.out.print("请输入成绩：");       // 第二个提示
11           double score = input.nextDouble();     // 接收用户输入的成绩（double类型），存入score
12           // 验证输出
13           System.out.println(name + "，您好！您的成绩是：" + score);
14       }
15   }
```

●图 2-16　接收控制台输入演示

程序输出结果如图 2-17 所示。

请输入姓名：*andy*
请输入成绩：*98.5*
andy，您好！您的成绩是：**98.5**

●图 2-17　接收用户输入反馈

在编写接收用户控制台输入程序时需要注意与输出提示的结合使用。截至目前，代码的逻辑都是从上到下一行一行执行的，只要把相关逻辑顺序确定好，程序功能就可以按照编写者的意图达成。

2.3.5　Java 运算符

通过运算符来操作数据，让程序的功能逐渐丰富起来。运算符是一个特殊的符号，依次通过代码进行说明。

1. 一元运算符

一元运算符（也称为单目运算符）指只有一个操作数参与的运算符，包括"++"（自增 1）、"--"（自减 1）、"+"（正）、"-"（负）、"~"（按位取反）和"!"（逻辑非）。

（1）自增、自减

```
1    public class Demo {
2        public static void main(String[] args) {
3            int numX = 5;
4            int numY = numX++;//只有一个操作数 numX 参与运算
5            //输出查看结果
6            System.out.print("numX:" + numX);
7            System.out.println(",numY:" + numY);
8        }
9    }
```

输出结果："numX:6,numY:5"。

代码分析：numX 通过自增实现了从 5 到 6 的改变。这里还有一个前置和后置问题。如果自增（或者自减）在变量后面，表示先赋值，再自增 1，其结果就是 numX 先将自己的值 5 赋值给了 numY，然后 numX 再自增 1，变成了 6。如果自增前置会是什么结果呢？

```
1    public class Demo {
2        public static void main(String[] args) {
3            int numX = 5;
4            int numY = ++numX;//++前置
5            //输出查看结果
6            System.out.print("numX:" + numX);
7            System.out.println(",numY:" + numY);
8        }
9    }
```

输出结果："numX:6,numY:6"。表示 numX 先从 5 自增为 6，然后带着最新的值 6 赋值给 numY，结果 numY 的最终值是 6。自减的前置、后置道理一样，是自减 1，请编写代码尝试。

（2）按位取反

```
1    public class Demo {
2        public static void main(String[] args) {
3            int numX = 5;
4            int numY = ~numX;//只有一个操作数 numX 参与运算
5            //输出查看结果
6            System.out.print("numX:" + numX);
```

```
7          System.out.println(",numY:" + numY);
8        }
9    }
```

输出结果："numX:5,numY:-6"。将 5 对应的二进制 101 补码得到 0101，取反码 (1001)，再取反 (10110)，结果为-6。关于二进制运算本书不做扩展讨论。

（3）逻辑非

```
1    public class Demo {
2        public static void main(String[] args) {
3            boolean b1,b2;
4            b1 = true;
5            b2 = !b1;
6            //输出查看结果
7            System.out.print("b1:" + b1);
8            System.out.println(",b2:" + b2);
9        }
10   }
```

输出结果："b1:true,b2:false"。这个容易理解：如果是"true"就变为"false"，反之亦然。

2.　二元运算符

二元运算符（也称为双目运算符）指有两个表达式参与的运算符。这类运算符比较多，下面一一展开来说。

（1）算数运算符

算数运算符有"+"（加）、"-"（减）、"*"（乘）、"/"（除）、"%"（取余数），示例代码如下。

```
1    public class Demo {
2        public static void main(String[] args) {
3            int numX,numY,numResult;
4            numX = 8;
5            numY = 3;
6            numResult = numX / numY;//整除
7            System.out.println("numResult:" + numResult);
8        }
9    }
```

输出结果是："numResult:2"。因为操作数都是整型，因此结果也会取整，小数点后的直接截取掉，没有四舍五入。另外一个特殊点的是取余数运算，看如下示例代码。

```
1    public class Demo {
2        public static void main(String[] args) {
3            int numX,numY,numResult;
4            numX = 8;
5            numY = 5;
6            numResult = numX % numY;//取余数
7            System.out.println("numResult:" + numResult);
8        }
9    }
```

输出结果是："numResult:3"。取余数就是取整除后的余数。请实验一下如果 numX 的值小于 numY 的值会是什么结果，负数情况下又会是什么结果、请编写代码，让编译器告诉你答案。

（2）位移运算符

位移运算符有"<<"（左移）、">>"（右移）和">>>"（无符号右移），见代码示例。

```
1    public class Demo {
2        public static void main(String[] args) {
3            int numA,numB,numC,numD;
4            numA = -9;
5            numB = numA << 2;
6            numC = numA >> 2;
7            numD = numA >>> 2;
8            System.out.println("numA:" + Integer.toBinaryString(numA));
9            System.out.println("numB:" + Integer.toBinaryString(numB));
10           System.out.println("numC:" + Integer.toBinaryString(numC));
11           System.out.println("numD:" + Integer.toBinaryString(numD));
12       }
13   }
```

输出结果如图 2-18 所示，代码中的"Integer. toBinaryString"方法可以转十进制为二进制字符串格式。

numA:11111111111111111111111111110111
numB:11111111111111111111111111011100
numC:11111111111111111111111111111101
numD:11111111111111111111111111111101

●图 2-18　位移运算示例输出结果

（3）关系运算符

关系运算符有"＞"（大于）、"＞＝"（大于等于）、"＜"（小于）、"＜＝"（小于等于）、"＝＝"（等于）、"！＝"（不等于），关系运算符的结果是 boolean 类型。示例代码如下所示。

```
1    public class Demo {
2        public static void main(String[] args) {
3            int numX = 4,numY = 8;
4            System.out.println(numX == numY);
5        }
6    }
```

输出结果是：false。关系运算符主要用于判断。

（4）逻辑运算符和位运算符

逻辑运算符有"＆＆"（逻辑与）、"‖"（逻辑或）、"！"（逻辑非，也归类于一元运算符）。逻辑运算符的结果也都是 boolean 类型。

位运算符有"＆"（按位与）、"｜"（按位或）、"＾"（按位异或）。将两类运算符整合到一起进行对比，如图 2-19 所示。

x	y	!x	x && y	x ‖ y	a	b	a & b	a｜b	a ＾ b
true	false	false	false	true	1	0	0	1	1
false	true	true	false	true	0	1	0	1	1
true	true	false	true	true	1	1	1	1	0
false	false	true	false	false	0	0	0	0	0

●图 2-19　逻辑运算符与位运算符对照

逻辑运算符结合后续的流程控制一起举例说明（短路问题），读者朋友可以自己先试试。关于位运算符举例如下，对照图 2-19 很容易得到运行结果。

```
1    public class Demo {
2        public static void main(String[] args) {
3            int numX ,numY ;
4            numX = 5;//101
5            numY = 3;//011
6            int numExOr = numX ^numY;
7            int numOr = numX |numY;
8            int numAnd = numX & numY;
9            System.out.println("101 ^011 \t" + Integer.toBinaryString(numExOr));
10           System.out.println("101 |011 \t" + Integer.toBinaryString(numOr));
```

```
11            System.out.println("101 & 011 \t" + Integer.toBinaryString(numAnd));
12        }
13    }
```

输出结果如图 2-20 所示。

```
101 ^ 011    110
101 | 011    111
101 & 011    1
```

●图 2-20　位运算符示例输出结果

3. 三元运算符

三元运算符（也称为三目运算符），需要三个表达式参与的运算符，语法如下：

$$（表达式 1）?（表达式 2）:（表达式 3）$$

说明：表达式 1 的结果必须是 boolean 类型，如果结果为 true 则执行表达式二，否则执行表达式 3。

示例代码如下。

```
1    public class Demo {
2        public static void main(String[] args) {
3            int age = 28 ;
4            String message = (age >= 18) ? "成年人" : "未成年人";
5            System.out.println(message);
6        }
7    }
```

输出结果为："成年人"。可以作为一个简单的判断表达式使用，复杂的判断结构在任务三中进行说明。

4. 赋值及组合运算符

赋值运算符是等号（"="），赋值时需要注意给变量赋值，不能给表达式或者给其他代码元素赋值。组合运算符是将上述二元运算符与赋值运算符组合起来的结果，有 "+=" "-=" "*=" "/=" "%=" "&=" "^=" "|=" "<<=" ">>=" ">>>="，通过以下示例学习组合运算符的原理，请注意注释中的说明。

```
1    public class Demo {
2        public static void main(String[] args) {
```

```
3              int numA = 4,numB = 3;
4              numA += numB;//等价于 numA = numA + numB;
5              System.out.println("numA:" + numA);
6          }
7      }
```

输出结果为："numA：7"。其他类型的组合运算符以此类推。

5. 表达式

表达式是由操作数以及运算符组成的，其中，部分操作数也可以是其他表达式的运算结果，比如："n =（4 + 2）* 5"。在表达式运算过程中会涉及表达式运算结果的数据类型和运算符优先级问题。

（1）自动数据类型转换和强制数据类型转换

如图 2-21 所示，兼容类型的自动类型转换依照优先级从低到高的顺序转换，表达式最终数据类型由优先级最高的类型决定。

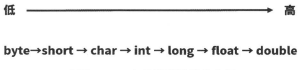

低 ——————————————————→ 高

byte→short → char → int → long → float → double

●图 2-21　自动类型转换优先级

比如，表达式"3 * 5.0"计算后数据类型是"double"类型。如果进行高到低转换，需要进行强制数据类型转换，如"（int）3.14"，这样会将小数点后数据强制截断，损失精度。

（2）运算符优先级

运算符优先级如图 2-22 所示，小括号的优先级是最高的。除了一元和三元运算符，其他表达式的运算顺序都是从左向右。

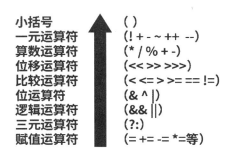

小括号	( )
一元运算符	(! + - ~ ++ --)
算数运算符	(* / % + -)
位移运算符	(<< >> >>>)
比较运算符	(< <= > >= == !=)
位运算符	(& ^ |)
逻辑运算符	(&& ||)
三元运算符	(?:)
赋值运算符	(= += -= *=等)

●图 2-22　运算符优先级示意图

2.3.6　格式化输出

在控制台输出时基于格式考虑需要对相关数字的显示方式进行限定，比如对其设置整体显示宽度，小数点后留几位数，是否按照千位进行逗号隔开等。这里介绍两个实现途径。

1. 使用"System. out. format"

"format"方法与"printf"方法基本效果都一样，都可以向控制台输出内容，但是"format"方法可以进行一定的格式修饰。

格式占位符："%d"表示一个整数；"%f"表示一个浮点数。

在"%"和"d"（或者是"f"）中间可以指定对齐方式（减号是左对齐）、是否需要千分位分隔符（逗号）、是否指定宽度（整型长度）、小数点后留几位等设置。看如下代码示例。

```
1    double num = 12345.6789;
2    System.out.format("% -,10.2f 测试",num);
```

输出结果是："12，345.68 测试"。代码中减号（"-"）表示左对齐；逗号（","）表示需要千分位分割；10表示整体占位宽度；".2"表示小数点后留两位。

2. DecimalFormat 类

可以使用 java. text. DecimalFormat 类来控制前零和后零、分组（千位）分隔符和小数点位数限制的显示。用一段示例代码来说明。

```
1    //第一步,导入包
2    import java.text. * ;
3    public class Demo {
4        public static void main(String[] args) {
5            //第二步,准备 DecimalFormat 类,并设置好样式
6            DecimalFormat df = new DecimalFormat("￥###,###. ###");
7            double num = 12345.6789;
8            //第三步,得到格式化后的字符串
9            String output = df.format (num);
10           System.out.println(output); //￥12,345.679
11       }
12   }
```

输出："￥12，345.679"。格式控制代码中，逗号表示使用千分位分隔符；实心点后面的"#"数量表示小数点后留几位；最前面的"￥"表示人民币符号。如果把上面代码样式中的"#"改为"0"，会输出什么样式？用以下代码进行测试。

```
1    //第一步,导入包
2    import java.text.*;
3    public class Demo {
4        public static void main(String[] args) {
5            //第二步,准备 DecimalFormat 类,并设置好样式
6            DecimalFormat df = new DecimalFormat("￥000,000.000");
7            double num = 12345.6;
8            //第三步,得到格式化后的字符串
9            String output = df.format(num);
10           System.out.println(output); //￥012,345.600
11       }
12   }
```

输出："￥012，345.600"。实现了前后补"0"的效果。

综合来看，DecimalFormat 类的使用可能稍显麻烦，但是它不是基于控制台的，因此后续在不同平台之间迁移时灵活性更好。

2.4 任务实施

在任务线索学习后，按照问题分析、梳理流程和代码实现来完成开篇布置的任务。建议读者先自己尝试一遍后再对照以下提供的步骤。纸上得来终觉浅，绝知此事要躬行。

1. 问题分析，确定资源

分析任务描述，需要根据用户输入的月薪计算日薪和年薪并进行输出；需要准备三个 double 类型的变量分别存储月薪、日薪和年薪。

2. 设计流程

第一步：接收用户输入月薪。
第二步：进行业务处理。
第三步：按要求格式化输出结果。

3. 实现功能

```java
1    import java.text.DecimalFormat;
2    import java.util.Scanner;
3    /**
4     * 薪资转换工具 v1.0
5     * @author Andy
6     */
7    public class SalaryDemo {
8        public static void main(String[] args) {
9            //提示用户输入月薪并接收
10           System.out.println("*** 薪资转换工具 v1.0 ***");
11           System.out.print("请输入月薪(人民币):");
12           Scanner input = new Scanner(System.in);
13           double mSalary = input.nextDouble();  //接收月薪
14           //进行业务处理
15           double mDay = mSalary / 22;            //每月 22 个工作日
16           double mYear = mSalary * 13;           //一年发放 13 月工资
17           //格式化输出
18           DecimalFormat df = new DecimalFormat("￥###,###.00");
19           System.out.format("您的日薪:￥%-10.2f%n", mDay);
20           System.out.println("您的年薪:" + df.format(mYear));
21       }
22   }
```

2.5 验收标准

1）命名规范、注释合理。
2）检查程序代码是否可以按照任务说明正常运行。
3）完成学习笔记。

2.6 问题总结

1）变量使用前没有初始化可以吗？

思考方向：当变量声明后没有经过赋值就直接取值或者尝试输出将报出语法错误，提示"可能尚未初始化变量"。

2）有连续有多个赋值运算时程序会怎么处理？

思考方向：编写代码进行梳理。

```
1   int x ,y ,z;
2   x = y = z = 8;
3   System.out.println(x + "," + y + "," + z);
```

以上第2行代码等价于"x = (y = (z = 0));"也就是：

```
1   z = 8;
2   y = z;
3   x = y;
```

2.7　扩展阅读

2.7.1　使用 Java 实现两数交换

方法1：使用第三个变量进行已有两个变量值的交换。

```
1   int x=3,y=9;
2   System.out.format("交换前:x:% d,y:% d% n",x,y);
3   int temp = x;
4   x = y;
5   y = temp;
6   System.out.format("交换后:x:% d,y:% d% n",x,y);
```

方法2：不使用第三个变量，通过数学方式（两数相加保存和值）解决问题。

```
1   int x=3,y=9;
2   System.out.format("交换前:x:% d,y:% d% n",x,y);
3   x = x + y;
4   y = x - y;
5   x = x - y;
6   System.out.format("交换后:x:% d,y:% d% n",x,y);
```

方法3：使用异或，通过两数异或保存两数状态。

```
1    int x=3,y=9;
2    System.out.format("交换前:x:%d,y:%d%n",x,y);
3    x = x^y;
4    y = x^y;
5    x = x^y;
6    System.out.format("交换后:x:%d,y:%d%n",x,y);
```

2.7.2 解析四位正整数并求各位数字之和

用户输入四位整数，请用 Java 程序计算出各位数字之和。如果用户输入的是 "4587"，那么显示 "4 + 5 + 8 + 7 = 24"，如图 2-23 所示。

请输入一个4位正整数4578
4 + 5 + 7 + 8 = 24

●图 2-23　解析整数

提示：

通过整除和取余数方法来获取个位、十位、百位和千位的数字，然后进行相加显示即可。

到此，能够用程序进行一些简单运算了。但是程序在处理用户输入的过程中是完全不设防状态，如果用户输入的是没有预想到的数据（比如需要 4 位数，结果输入了 5 位数），程序会怎样呢？一起挑战接下来的任务吧！

任务 **3**
实现出租车计费功能

我们判断的质量取决于我们的生活质量。

—— M·斯科特·派克

3.1　任务描述

本次任务是解决出租车计费问题。某市出租车计费标准见表3-1，请根据此标准完成一个出租车计费模拟功能，能够计算总费用和列出产生费用项目详细情况说明，帮助出租车师傅和乘客了解计费标准。

表3-1　出租车计费标准

收 费 项 目	收 费 标 准
3公里以内收费	13元
基本单价	2.3元/公里
低速行驶费和等候费	根据乘客要求停车等候或者由于道路条件限制，时速低于12公里时，每5分钟早晚高峰期间加收2公里基本单价（不含空驶费），其他时间段加收1公里基本单价（不含空驶费）
预约叫车服务费	提前4小时及以上预约每次6元，4小时以内预约每次5元
空驶费	单程载客行驶超过15公里部分，基本单价加收50%的费用；往返载客（即起点和终点在2公里（含）范围以内）不加收空驶费
夜间收费	23：00（含）～次日5：00（不含）运营时，基本单价加收20%的费用
燃油附加费	每运次加收1元燃油附加费

注：1. 早高峰为7：00（含）～9：00（不含）；晚高峰为17：00（含）～19：00（不含）。

　　2. 出租车结算以元为单位，元以下四舍五入。

　　3. 过路、过桥费由乘客负担。

3.2　目标

- 掌握if语法。
- 掌握switch语法。
- 使用字符串常用方法。

3.3　任务线索

为了实现出租车计费功能，需要给出的数据和进行的判断会比较多。在Java程序中如何实现分支结构呢？详见如下线索知识。

3.3.1　Java 程序执行结构概述

1996 年，计算机科学家 Bohm 和 Jacopini 证明了：任何简单或复杂的算法都可以由顺序结构、选择结构和循环结构这三种基本结构组合而成。图 3-1 表示程序结构的流程图，流程图通过图形化的方式展示程序逻辑，便于理解和设计。其中箭头代表执行方向；菱形代表判断节点；矩形代表输入、输出等功能代码，本书不进行展开说明。三种结构的共同点是都包含一个入口和一个出口，它们的每个代码都有机会被执行。顺序结构是一种基本的控制结构，它按照语句出现的顺序执行操作；选择结构根据条件是否成立来执行不同操作；循环结构是一种重复结构，如果条件成立，它会重复执行，直到出现不满足的条件为止。

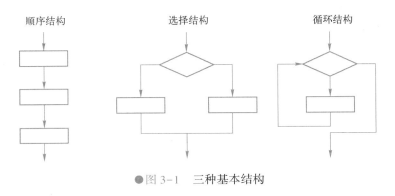

●图 3-1　三种基本结构

前面学习的代码采用的都是顺序结构，代码从上到下逐行执行。到了本次任务，顺序结构已经不能满足实际问题的需求。编写程序的最终目的还是解决问题，因此，程序的结构不仅仅是顺序结构，还需要有分支结构来扩展程序功能。分支结构一共有两种：选择结构和循环结构。本次任务将一起学习选择结构。

3.3.2　if 语法

Java 采用"if"关键字进行选择结构的处理。以下针对几种使用方法进行说明。
单个"if"关键字完成只有符合条件才执行某些语句的代码块，语法如下。

```
1    if(条件语句){
2        //符合条件时的执行语句
3    }
```

"if"语句块的大括号是可选的，如果没有大括号限定，"if"语句只能影响条件判断后的一个指令（或许是一个分号结尾的执行代码，或许是一个其他的完整语法结构）。注意：条件表达式的结果必须是 boolean 类型。

```
1    import java.util.Scanner;
2
3    public class Demo {
4        public static void main(String[] args) {
5            Scanner input = new Scanner(System.in);
6            System.out.print("请输入年龄:");
7            int age = input.nextInt();
8
9            if(age >= 18){
10                System.out.println("你现在已经是一个成年人了");
11            }
12
13            System.out.println("该吃吃,该喝喝");
14        }
15    }
```

通过执行以上代码可以发现，只有输入的年龄大于等于 18 的时候第 10 行代码才会被执行。注意，第 13 行代码的执行逻辑与"if"的判断不相关，整体是顺序结构的一部分。

如果需要根据条件执行二选一或者多选一的操作，需要用到"else"关键字进行配合（"else"是语法中的可选项）。以下代码块罗列了多种情况。

```
1    //二选一:条件为 true 时执行第 3 行代码,否则执行第 5 行代码
2    if (条件语句){
3        //符合条件时的执行语句
4    }else{
5        //不符合条件时的执行语句
6    }
7    //条件语句 1 为 true 时执行第 9 行;条件语句 2 为 true 时执行第 11 行;其他情况不执行
8    if (条件语句1){
9        //符合条件语句 1 时的执行语句
10    }else if(条件语句2){
11        //符合条件语句 2 时的执行语句
12    }
13    //三选一:如果条件语句 3 和条件语句 4 都不符合,肯定会执行第 19 行代码
14    if (条件语句3){
```

```
15          //符合条件语句3时的执行语句
16      }else if(条件语句4){
17          //符合条件语句4时的执行语句
18      }else{
19          //不符合条件语句3和4时的执行语句
20      }
```

特别说明："else if"（条件）是可以多次出现的。

以下通过一个代码示例综合演示"if"选择结构的用法。需求：根据用户输入的成绩（百分制）判断是否为优秀（90分及以上）、良好（80分~89分）、中等（60分~79分）以及不及格（60分以下），并进行不同的提示输出。

```
1   import java.util.Scanner;
2   //if语法演示
3   public class Demo {
4       public static void main(String[] args) {
5               //准备程序中使用到的变量资源
6               Scanner input = new Scanner(System.in);
7               double score = 0;          //用于存储成绩
8           //提示输入并接收成绩
9               System.out.print("请输入成绩:");
10              score = input.nextDouble();
11          //核心业务:判断后进行提示输出处理
12          if(score <= 100 && score >= 90){
13              System.out.println("成绩优秀,不要骄傲!");
14          }else if(score < 90 && score >= 80){
15              System.out.println("成绩良好,再接再厉!");
16          }else if(score < 80 && score >= 60){
17              System.out.println("成绩中等,进步空间很大!");
18          }else if(score < 60 && score >= 0){
19              System.out.println("成绩不及格,准备补考!");
20          }else{
21              System.out.println("你输入的是外星人的成绩吗?");
22          }
23          System.out.println("===成绩分级显示程序结束===");
24      }
25  }
```

用户输入 98.5 和输入 980 时的运行结果如图 3-2 所示。

请输入成绩：*98.5*   请输入成绩：*980*

成绩优秀，不要骄傲！   你输入的是外星人的成绩吗？

===成绩分级显示程序结束===   ===成绩分级显示程序结束===

●图 3-2　不同的成绩分级运行结果

提醒：

初学者在使用"if else"选择结构的时候注意不要在条件后面加分号。"if else"选择结构使用时可以为多重结构，也可以为嵌套结构，结合实际的业务要求即可。

3.3.3　switch 语法

"switch"也是一种选择结构，相对于多重"if"结构，可读性更好，但是也有些特殊的语法要求。如下代码块说明了基本结构。

```
1    switch(表达式){
2        case 匹配值1：
3            语句块 1；
4            break；
5        case 匹配值 n：
6            语句块 n；
7            break；
8        default：
9            语句块 n+1；
10           break；
11   }
```

"switch"执行逻辑：表达式与"case"后的匹配值一致时执行对应"case"包含的代码块，其他代码块不执行。"default"是可选项，与"if else"中"else"的作用相同，在没有匹配项的时候执行"default"后的代码块。"break"关键词也是可选的，它的作用在于退出"switch"结构。如果没有写"break"，代码会一直顺序向下执行。原则上 Java 不限制"case"和"default"的编写顺序，但习惯上如果有"default"都会放在最后。

"switch"对表达式的类型进行了限定，以目前正在使用的 JDK 11 为例，仅支持 char、byte、short、int、Character、Byte、Short、Integer、String 和一个 enum 类型。像"String"类型的支持是从 JDK 1.7 之后开始的，之前的 JDK 版本不支持，使用的时候需要注意。"case"后面的匹配值必须是与"switch"表达式的类型一致的常量值（常量指不可变的值，比如整型的数值1、2、3等，字符串类型"red""yellow"等），同时，在同一个"switch"中不能出现相同的匹配值。"case 匹配值:"后面的执行体可写"{ }"也可以不写"{ }"，以"break"关键字作为一个语句块结束标识的场景更为多见。通过一个代码示例来感受一下"switch"的用法。

```
1   import java.util.Scanner;
2   //根据用户输入的颜色提示不同的交通警示
3   public class Demo {
4       public static void main(String[] args) {
5           Scanner input = new Scanner(System.in);
6           System.out.print("请输入交通指示灯颜色(红色、绿色、黄色):");
7           String color = input.next();
8           switch (color){
9               case  "红色":
10                  System.out.println("红灯停");
11                  break;
12              case  "绿色":
13                  System.out.println("绿灯行");
14                  break;
15              case  "黄色":
16                  System.out.println("黄灯亮了等一等");
17                  break;
18              default:
19                  System.out.println("无法识别的颜色");
20                  break;
21          }
22          System.out.println("===请遵守交通法规===");
23      }
24  }
```

几种执行结果如图3-3所示。

Java语法中规定"switch"表达式是不支持"double"类型的，上面提到的"成绩分级显示程序"是否可以实现呢？可以利用强制类型转换来进行变通，详见如下代码示例。

```
1   import java.util.Scanner;
2   //switch实现成绩分级显示
3   public class Demo {
4       public static void main(String[] args) {
```

```
5              //准备程序中使用到的变量资源
6              Scanner input = new Scanner(System.in);
7              double score = 0;    //用于存储成绩
8              //提示输入并接收成绩
9              System.out.print("请输入成绩:");
10             score = input.nextDouble();
11             int level = (int)(score /10);//比如输入了98.5,强转后变成9
12             //核心业务:匹配后进行提示输出处理
13             switch (level){
14                 case 10:
15                 case 9:
16                   System.out.println("成绩优秀,不要骄傲!");
17                   break;
18                 case 8:
19                   System.out.println("成绩良好,再接再厉!");
20                   break;
21                 case 7:
22                 case 6:
23                   System.out.println("成绩中等,进步空间很大!");
24                   break;
25                 case 5:
26                 case 4:
27                 case 3:
28                 case 2:
29                 case 1:
30                 case 0:
31                   System.out.println("成绩不及格,准备补考!");
32                   break;
33                 default:
34                   System.out.println("你输入的是外星人的成绩吗?");
35                   break;
36             }
37          System.out.println("===成绩分级显示程序结束===");
38      }
39  }
```

输出结果与图 3-2 一致。上述代码中还利用了"case"中不写"break"是贯穿向下执行的特性，结构上是不是比多重"if else"更清楚一些?

请输入交通指示灯颜色（红色、绿色、黄色）：*绿色*
绿灯行
===请遵守交通法规===

───────────────────────────

请输入交通指示灯颜色（红色、绿色、黄色）：*红色*
红灯停
===请遵守交通法规===

请输入交通指示灯颜色（红色、绿色、黄色）：*黄色*
黄灯亮了等一等
===请遵守交通法规===

请输入交通指示灯颜色（红色、绿色、黄色）：*蓝色*
无法识别的颜色
===请遵守交通法规===

●图3-3　交通警示

3.3.4　字符串常用方法

在判断字符串的内容是否相等时使用等号（"=="）是有问题的，见如下代码。

```
1    import java.util.Scanner;
2
3    public class Demo {
4        public static void main(String[] args) {
5            Scanner input = new Scanner(System.in);
6            System.out.print("是否继续(yes|no)?");
7            String choose =  input.next();
8
9            if(choose == "yes"){
10                System.out.println("选择了yes");
11           }else{
12                System.out.println("选择了no");
13           }
14        }
15   }
```

当输入"yes"的时候，居然显示图3-4所示的结果。

是否继续（yes | no）？*yes*
选择了no

●图3-4　错误的判断

这是因为字符串是一个特殊的类型，不能用等号（"＝＝"）进行判断，而需要用到字符串的"equals"方法实现。使用方法的时候用"对象．方法名()"的方式，方法可以理解为一个功能体，有的方法可以直接通过名字使用，从而实现相应功能，而有的方法需要提供一个参数（理解为方法执行的条件之一），参数都在小括号里，具体在任务6的学习过程中会进行说明。修改上述代码，将第9行的代码改为"if(choose. equals("yes")){"，完整代码如下。

```
1    import java.util.Scanner;
2    //使用字符串的比较方法 equals
3    public class Demo {
4        public static void main(String[] args) {
5            Scanner input = new Scanner(System.in);
6            System.out.print("是否继续(yes | no)?");
7            String choose =  input.next();
8
9            if(choose.equals("yes")){//注意这里
10               System.out.println("选择了yes");
11           }else{
12               System.out.println("选择了no");
13           }
14       }
15   }
```

运行结果如图3-5所示。

是否继续（yes | no）? *yes*　　　是否继续（yes | no）? *no*
选择了yes　　　　　　　　　　　选择了no

●图3-5　使用"equals"方法判断

如果在上述程序运行时故意输入了其他字符串，程序会执行第12行代码，请各位读者自己考虑如何优化代码，并进行编码实现。

字符串还有其他一些常见方法，比如获得字符串长度的"length"和删除字符串前后空格的"trim"方法，通过代码来进行演示说明。

```
1    public class Demo {
2        public static void main(String[] args) {
3            //字符串前面有2个空格,中间有1个空格,后面有3个空格;长度15
4            String str = "  abc123 abc   ";
```

```
5           System.out.println("字符串 str:" + str);      //打印输出
6           //获得字符串的长度
7           int len = str.length();
8           System.out.println("字符串 str 长度:" + len);      //打印 15
9           //去掉字符串前后的空格
10          String newStr = str.trim();
11          System.out.println("字符串 newStr:" + newStr);
12          System.out.println("字符串 newStr 长度:" + newStr.length());//打印 10
13      }
14  }
```

输出结果如图 3-6 所示。后续根据实际任务的完成要求再陆续介绍字符串的其他方法。

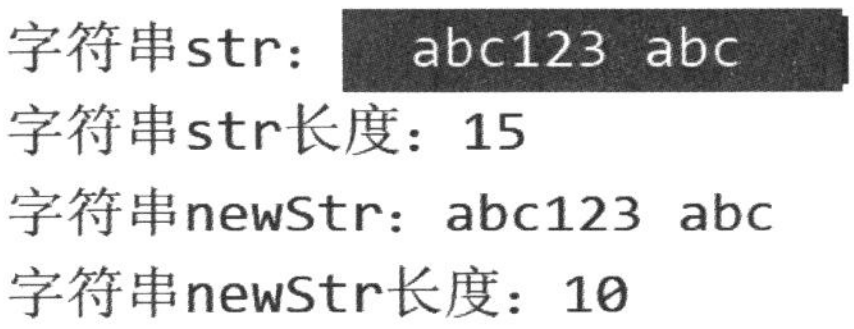

字符串str：　abc123 abc
字符串str长度：15
字符串newStr：abc123 abc
字符串newStr长度：10

●图 3-6　字符串方法示例输出结果

字符串 "substring(beginIndex, endIndex)" 方法可以从字符串指定索引位置截取子字符串，索引的位置是从 0 开始的。"beginIndex" 是开始的索引，"endIndex" 是结束的索引加 1。在字符串 "abc123" 中截取 "123" 的代码片段如下。

```
1   String str = "abc123";
2   String strNum = str.substring(3,6);
3   System.out.println(strNum);      //打印 123
```

从图 3-7 中可以直观了解通过位置截取子字符串的方法。

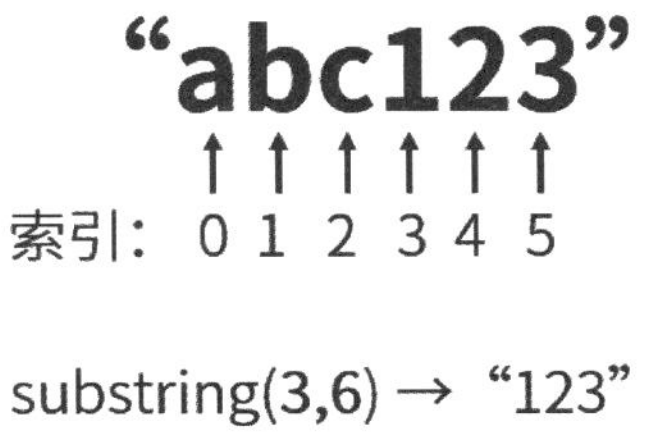

"abc123"
↑ ↑ ↑ ↑ ↑ ↑
索引：0 1 2 3 4 5

substring(3,6) → "123"

●图 3-7　截取字符串 "123"

另外，如果字符串内容是一个正确的整数数字，可以通过 "Integer. parseInt（要转换的整数字符串）" 方法直接将 "String" 类型转换为 "int" 类型，从而方便参与数据运算。如下代码演示了如何从时间格式字符串中分别截取时、分、秒，最后转换后显示秒数。

```
1    public class Demo {
2        public static void main(String[] args) {
3            String str = "12:05:20";
4            //截取小时、分钟和秒
5            String hhStr = str.substring(0,2);         //截取小时部分
6            System.out.println("时:" + hhStr);         //打印小时
7            String mmStr = str.substring(3,5);
8            System.out.println("分:" + mmStr);         //打印分钟
9            String ssStr = str.substring(6,8);
10           System.out.println("秒:" + ssStr);         //打印秒
11           //将字符串转换为整型,方便参与运算
12           int hh = Integer.parseInt(hhStr);
13           int mm = Integer.parseInt(mmStr);
14           int ss = Integer.parseInt(ssStr);
15           int ssTot = ss + (mm * 60) + (hh * 60 * 60);    //计算总秒数
16           System.out.println(str + "一共是" + ssTot + "秒");
17       }
18   }
```

图3-8为输出效果，图3-9将截取字符串的索引关系进行了对比，读者朋友可以通过对比和编写代码来加深理解。

时：12
分：05
秒：20
12:05:20一共是43520秒

●图3-8　从字符串中解析时、分、秒，并进行转换

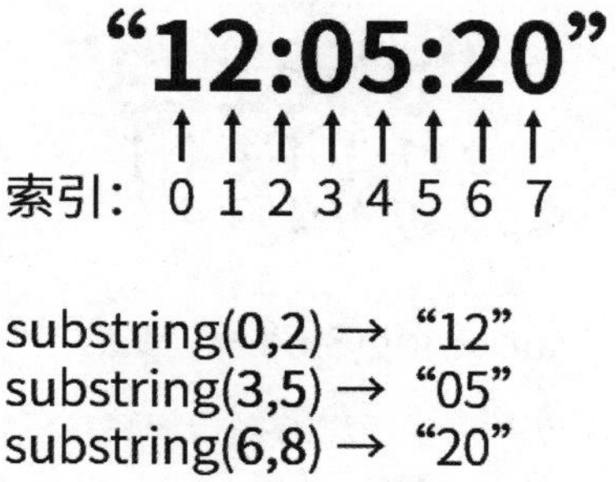

"12:05:20"
↑↑↑↑↑↑↑↑
索引：0 1 2 3 4 5 6 7

substring(0,2) → "12"
substring(3,5) → "05"
substring(6,8) → "20"

●图3-9　字符串截取方法说明

3.4 任务实施

本次任务要求比较复杂，也是实际业务的体现。建议读者根据需求分析绘制一个流程图，把每个判断分支明确好，一步步有条不紊地进行代码的实现。

1. 需求分析

根据表 3-1 提供的计费标准，总车费 = 里程费用 + 低速行驶费（或者等候费）+ 预约叫车服务费 + 空驶费 + 夜间收费 + 燃油附加费。需要收集的数据有里程数、低速行驶时长（早晚高峰期行驶时长和其他时间段行驶时长）、是否预约叫车（以 4 小时为标准）、开始乘坐出租车时间、出租车到达终点站时间，结合这些数据和表中提供的收费标准就可以使用程序进行处理了。

2. 设计流程

第一步：声明好程序所需的变量，用于存储数据，请注意数据类型。

第二步：提示用户输入总里程数、开始乘车时间、结束乘车时间、是否预约叫车（如果是预约叫车还需要确认是否在 4 小时以内）、是否有低速行驶（如果有，提示输入低速行驶时间，需要考虑早晚高峰），如果里程超过 15 公里，需要输入是否在往返 2 公里范围内来决定是否收取空驶费。分别将这些用户输入的值通过赋值存入对应的变量中。

第三步：根据计费标准和用户输入的数据进行总费用计算处理。

第四步：输出总费用和每个产生费用单项的详细情况说明。

3. 实现功能

读者朋友可以在以上分析和设计流程的基础上先自己尝试实现功能，然后再对照以下参考代码，效果会好很多。初学者请先准备好"耐心"。

```
1    import java.util.Scanner;
2    /**
3     * 出租车计费功能实现
4     * @version 1.0
5     * @author Andy
6     */
7    public class TaxiFare {
8        public static void main(String[] args) {
```

```
 9              /* 第一步:声明好程序所需的变量,用于存储数据,请注意数据类型.*/
10              Scanner input = new Scanner(System.in);
11              double totCost = 0;                          //总费用
12              double km = 0;                               //全程公里数
13              double kmCost = 0;                           //里程费用
14              double lowSpeedTime = 0;                     //低速行驶时长,单位:分钟
15              double lowSpeedCost = 0;                     //低速行驶费用
16              String isRes = "";                          //是否预约叫车(值:是|否)
17              double resCost = 0;                          //预约费用
18              double overrunCost = 0;                      //空驶费
19              double nighttime = 0;                        //夜间收费
20              double fuel = 1;                             //燃油附加费,默认1元
21              String beginTime = "";                      //开始乘车时间
22              String endTime = "";                        //结束乘车时间
23              int beginHour = 0;                           //开始乘车时间(记录小时)
24              int endHour = 0 ;                            //结束乘车时间(记录小时)
25              String kmMessage ="";                       //里程费用信息
26              String lowSpeedMessage = "无低速行驶费用";     //低速行驶费信息
27              String resMessage = "无预约费用";             //预约服务费用信息
28              String overrunMessage = "无空驶费用";          //空驶费信息
29              String nigthMessage = "无夜间费用";           //夜间收费信息
30              String fuelMessage = "";                    //燃油附加费信息
31
32              /* 第二步:提示用户输入总里程数、开始乘车时间、结束乘车时间
33              是否预约叫车(如果是预约叫车还需要确认是否在4小时以内)
34              是否有低速行驶(如果有,提示输入低速行驶时间,需要考虑早晚高峰)
35              如果里程超过15公里,需要输入是否在往返2公里范围内,决定空驶费
36              分别将这些用户输入的值通过赋值存入对应的变量中.*/
37              System.out.println("===== 出租车计费功能 =====");
38              System.out.print("请输入打车总里程(公里):");
39              km = input.nextDouble();
40              System.out.print("请输入开始乘车时间,24小时制(hh:mm:ss):");
41              beginTime = input.next();
42              beginHour = Integer.parseInt( beginTime.substring(0,2) ); //转换为
int 类型
43              System.out.print("请输入结束乘车时间,24小时制(hh:mm:ss):");
44              endTime = input.next();
```

```
45          endHour = Integer.parseInt(endTime.substring(0,2));//转换为int类型
46          System.out.print("输入是否预约叫车(是|否)?");
47          isRes = input.next();
48          if(isRes.equals("是")){
49              System.out.print("\t\t预约时间是否在4小时以内(是|否)?");
50              String isFourIn = input.next();
51              if(isFourIn.equals("是")){        //判断预约叫车服务费,4小时以内5元
52                  resCost = 5;
53              }else{
54r                 esCost = 6;                              //4小时以外6元
55              }
56              resMessage = "预约叫车服务费:" + resCost; //设置好提示信息
57          }
58          System.out.print("是否有低速行驶(是|否)?");
59          String isLow = input.next();
60          if(isLow.equals("是")){
61              System.out.print("\t请输入不含早晚高峰期间低速行驶时长(分钟):");
62              lowSpeedTime = input.nextDouble();
63              lowSpeedCost =  Math.round((lowSpeedTime /5) * (2.3)); //其他时
间段每5分钟加收1公里基本单价,Math.round是四舍五入取整
64              lowSpeedMessage = "其他时间段低速行驶费:" + lowSpeedCost;
65              //判断开始和结束时间是否在早晚高峰时间段
66              if((beginHour >= 7 && beginHour < 9) ||
67              (beginHour >= 17 && beginHour < 19) ||
68              (endHour >= 7 && endHour < 9) ||
69              (endHour >= 17 && endHour < 19)){
70                  System.out.print("\t请输入早晚高峰期间低速行驶时长(分钟):");
71                  double peak = input.nextDouble();
72                  double peakCost =Math.round( (peak /5) * (2.3 * 2));//每5分
钟早晚高峰期间加收2公里基本单价
73                  lowSpeedMessage += "\n\t早晚高峰时间段低速行驶费:" + peak-
Cost;
74                  lowSpeedCost = Math.round(lowSpeedCost + peakCost);//将早晚
高峰低速行驶费累加
75              }
76              lowSpeedMessage = "低速行驶费一共:" + lowSpeedCost + "元,其中:\n\
t" + lowSpeedMessage;
```

```
77              }
78          //如果里程超过15公里,需要输入是否在往返2公里范围内,决定空驶费
79          if(km > 15){
80              System.out.print("是否往返载客(起点终点在2公里范围内)(是|否)?");
81              String isNull = input.next();
82              if(isNull.equals("否")){
83                  //单程载客行驶超过15公里部分,基本单价加收50%的费用
84                  overrunCost = Math.round((km - 15) * (2.3 * 0.5));
85                  overrunMessage = "空驶费:" + overrunCost + "元";
86              }
87          }
88          /* 第三步:根据计费标准和用户输入的数据进行总费用计算处理.* /
89          kmCost = 13;      //起步价13元
90          kmMessage = "里程在3公里以内,里程价格:" + kmCost;
91          if(km > 3){
92              kmCost = Math.round((kmCost + (km - 3) * 2.3));
93              kmMessage = "里程超过3公里,里程价格:" + kmCost;
94          }
95          //判断夜间收费
96          //23:00(含)~次日5:00(不含)运营时,基本单价加收20%的费用
97          //开始乘车与结束乘车时间只要在夜间范围内,全程收夜间收费
98          if(beginHour >= 23 || beginHour < 5 || endHour >= 23 || endHour < 5){
99              nighttime = Math.round((km-3) * (2.3 * 0.2));
100             nigthMessage = "夜间收费:" + nighttime + "元";
101         }
102         //燃油附加费
103         fuel = 1;
104         fuelMessage = "燃油附加费:" + fuel + "元";
105         //计算总费用
106         //总车费=里程费用+低速行驶费(或者等候费)+预约叫车服务费+空驶费+夜间收费+
燃油附加费
107         totCost = Math.round( kmCost + lowSpeedCost + resCost + overrunCost +
nighttime + fuel);
108
109         /* 第四步:输出总费用和每个产生费用单项的详细情况说明.* /
110         System.out.println("总车费:" + totCost + "元");
111         System.out.println("---产生费用项目详细情况---");
```

```
112        System.out.println(kmMessage + "\n"
113                    + lowSpeedMessage + "\n"
114                    + resMessage + "\n"
115                    + overrunMessage + "\n"
116                    + nigthMessage + "\n"
117                    + fuelMessage);
118        }
119    }
120    //End
```

两种不同条件下的输出如图 3-10 所示。

```
=====  出租车计费功能  =====
请输入打车总里程（公里）：36
请输入开始乘车时间，24小时制（hh:mm:ss）：08:39:01
请输入结束乘车时间24小时制（hh:mm:ss）：09:48:30
输入是否预约叫车（是|否）？ 否
是否有低速行驶（是|否）？ 是
        请输入不含早晚高峰期间低速行驶时长（分钟）：8
        请输入早晚高峰期间低速行驶时长（分钟）：9
是否往返载客（起点终点在2公里范围内）（是|否）？ 否
总车费：126.0元
---产生费用项目详细情况---
里程超过3公里，里程价格：89.0
低速行驶费一共：12.0元，其中：
        其他时间段低速行驶费：4.0
        早晚高峰时间段低速行驶费：8.0
无预约费用
空驶费：24.0元
无夜间费用
燃油附加费：1.0元
```

```
=====  出租车计费功能  =====
请输入打车总里程（公里）：35
请输入开始乘车时间，24小时制（hh:mm:ss）：24:39:04
请输入结束乘车时间24小时制（hh:mm:ss）：00:10:29
输入是否预约叫车（是|否）？ 是
        预约时间是否在4小时以内（是|否）？ 否
是否有低速行驶（是|否）？ 是
        请输入不含早晚高峰期间低速行驶时长（分钟）：5
是否往返载客（起点终点在2公里范围内）（是|否）？ 否
总车费：134.0元
---产生费用项目详细情况---
里程超过3公里，里程价格：87.0
低速行驶费一共：2.0元，其中：
        其他时间段低速行驶费：2.0
预约叫车服务费：6.0
空驶费：23.0元
夜间收费：15.0元
燃油附加费：1.0元
```

●图 3-10 出租车计费输出

另外，在执行程序的时候需要特别"小心"，如果不按照设定好的格式输入，程序就没办法识别，就会报错。这些问题将会在接下来的任务学习中逐渐解决。同时需要额外考虑，随着城市发展可能 3 公里以内的价格会变化、基本单价也会变化……那么如何应对可能发生的需求变化呢？大家先思考一下，随着本书后续任务的学习，可以形成不同的解决方案。

3.5 验收标准

1）命名规范、注释合理。

2）程序代码可以按照任务说明正常运行。

3）完成学习笔记。

3.6　问题总结

1）不知道以下代码错在哪里。

```
1    if(score >= 60){
2        System.out.println("成绩合格");
3    }else(score < 60){
4        System.out.println("不及格");
5    }
```

思考方向："else"后面不要加条件表达式，应该是在"if"后面加。

2）以下代码不报错，但是不能输出正确结果，是什么原因？

```
1    if (score >= 60) ;{
2        System.out.println("成绩合格");
3    }
```

思考方向：请注意在第一行多了一个分号。

3）出租车计费功能实现中需求和代码都太烦琐了。

思考方向：代码要怎么写，取决于现实中问题的复杂度。根据需求画一个流程图，先把逻辑捋顺再写代码，效果会好很多。逻辑问题是第一位，程序代码仅仅是一个熟练度问题，接触多了，它自然就很"听你的话"了。

3.7　扩展阅读

3.7.1　短路运算符与非短路运算符

1）短路运算符具备短路功能，相对比较"聪明"，包括"&&"和"||"。

如下代码片段中，在"||"前面的"++n > 4"结果已经是"true"，对于"||"运算而言，只要有一个表达式为"true"结果就为"true"，因此它认为没必要再执行"++m > 2"了，因为这对结果没有影响。

```
1    int n = 5,m = 3;
2    if(++n > 4 ‖ ++m > 2){
3        System.out.println("n:" + n + ",m:" + m);
4    }
```

以上代码输出"n:6,m:3",证明"++m > 2"没有被执行,整个"if"表达式短路了。"&&"也是一个道理,读者可以自己测试,如果第一个表达式的结果已经是"false"了,就不会继续往后运行,因为整个表达式的结果必然是"false"。

2)非短路运算符不具备短路功能,比较"执着"。它们是"&"和"|"。

对上面的代码做如下修改,会发现输出结果发生了变化。

```
1    int n = 5,m = 3;
2    if(++n > 4 |++m > 2){
3        System.out.println("n:" + n + ",m:" + m);
4    }
```

输出"n:6,m:4",证明了非短路运算符的"执着"。非短路运算符也就是位运算符,除了在逻辑表达式中操作 boolean 类型,还可以在其他场合操作数值类型。而短路运算符只能在逻辑表达式内使用。当然,日常更多使用"聪明"一点的短路运算符。

3.7.2 switch 的表达式是否可以是"long"类型

请让编译器告诉你答案。

本次任务解决了一个生活中实际发生的问题。在处理具体业务问题时必须进行充分理解和分析,逻辑捋顺了,再开始代码实现,这样将事半功倍,否则代码会越写越乱。"出租车计费功能"实现程序每次只能运行一次,如果能够重复使用该多好!带着这个想法,一起挑战接下来的任务吧!

任务 *4*
实现 Java "人机" 对话

没有机会！这真是弱者的最好代词。

—— 拿破仑

4.1　任务描述

　　本次任务通过循环和字符串的处理方法来实现"人机"对话模拟程序，针对用户的特定输入给出"反馈"。程序模拟情景如图4-1所示。通过任务线索的学习和任务的完成，相信读者能够掌握程序中的循环结构的用法。

请输入聊天对象昵称：*图灵*
** Java 人机交互模拟 **
你：*Hi在吗？*
图灵：Hi在！
你：*你好！*
图灵：你好！
你：*能看懂中文吗？*
图灵：能看懂中文！
你：*是真的吗*
图灵：是真的

●图 4-1　模拟"人机"对话

4.2　目标

- 掌握 while 语法。
- 掌握 do-while 语法。
- 掌握 for 语法。

4.3　任务线索

　　随着学习的深入，程序能够处理的业务也越来越多。以下围绕 Java 中循环结构线索的练习来完成"人机"对话任务。

4.3.1　Java 程序循环结构概述

　　重复发生事情的过程，我们称之为循环。小时候，从家到学校上课的过程每天都在循环，每次循环都在收获知识。当通过小学阶段考试后就结束了这个阶段的循环，开始了每天从家到中学的另一个循环。其实人生就是一个大的循环，循环中演绎了每一天的精彩。写代码就是为了解决实际生活中的问题，因此有必要学习和掌握 Java 程序中的循环结构来完成更多任务。

程序中的循环有四个关键部分。

1）进入循环前的初始化语句：准备好进入循环前的基础，就像考大学前需要通过高考证明自己的能力一样。能力的增长是决定能否完成大学学业的重要线索。

2）循环条件：决定循环是否继续进行的开关。比如，在读大学期间，只要能力不够毕业标准，就需要继续循环学习。

3）循环体：每次循环需要执行的代码块。就像是丰富多彩的大学生活。

4）循环中的变化：指每次循环时需要有一些数据上的变化，作为循环条件的监测依据。大学生活虽然精彩，但是仍然需要通过学习使能力进一步提升来通过每一次的考核。

4.3.2　while 循环

"while" 循环的语法如下。

```
while(条件表达式){
    循环体
}
```

当条件表达式结果为 "true" 时循环不断重复。有读者可能会问，循环的四个关键点在哪里体现了？请看如下示例代码。

```
1    public class Demo {
2        public static void main(String[] args) {
3            //大学生活模拟
4            System.out.println("即将开始愉快的大学生活!");
5            //1)进入循环前的初始化语句.ability:通过高考,能力指数达到80分
6            int ability = 80;
7            //2)循环条件.当能力指数达不到100的时候需要在大学不断学习
8            while(ability < 100){
9                //3)循环体.开始丰富多彩的大学生活
10               System.out.println("听课、学习、做作业");
11               System.out.println("参加活动、谈恋爱");
12               ability = ability + 5; //4)在循环体中"线索"发生变化,此处每次能力值
提升5个单位
```

```
13              System.out.println("本次循环中 ability 指数:" + ability);
14              //输出 ability 值,观察循环过程
15          }
16          //循环结束后的其他代码
17          System.out.println("恭喜你!大学毕业了!");
18      }
19  }
```

运行结果如图 4-2 所示。

```
即将开始愉快的大学生活!
听课、学习、做作业
参加活动、谈恋爱
本次循环中ability指数：85
听课、学习、做作业
参加活动、谈恋爱
本次循环中ability指数：90
听课、学习、做作业
参加活动、谈恋爱
本次循环中ability指数：95
听课、学习、做作业
参加活动、谈恋爱
本次循环中ability指数：100
恭喜你！大学毕业了！
```

●图 4-2 "while"循环演绎大学生活

如果不用循环解决上述问题，需要写多少行代码才能够实现图 4-2 所示的运行结果呢？如果能力指数要求是 1000 呢？用和不用循环结构的代码行数差异就体现出来了。通过循环次数来控制循环是一个不错的选择，除了循环体中要重复的内容，控制循环次数的三要素是：①初始化循环变量；②循环条件；③循环变量值更新。代码如下所示。

```
1  public class Demo {
2      public static void main(String[] args) {
3          int day = 1;                //1)初始化循环变量
4          while(day <= 100){          //2)循环条件
5              System.out.println("天天学习打卡:" + day);
6              day ++;                 //3)循环变量值更新
7          }
8      }
9  }
```

上述代码中的变量 "day" 为循环变量（更多情况下读者会看到用 "i" 作为循环变量，它没有实际意义，只是为了控制循环而存在的临时变量），用于控制循环体重复次数。部分代码运行结果如图 4-3 所示。

```
Demo ×
天天学习打卡：94
天天学习打卡：95
天天学习打卡：96
天天学习打卡：97
天天学习打卡：98
天天学习打卡：99
天天学习打卡：100
```

●图 4-3　循环示例代码部分运行结果

有一些循环需求中没办法确定循环次数，应该怎么处理呢？比如循环显示菜单选项，只有选择退出时才能够退出。其实还是三个关键点，但是形式上有了一些变化，代码如下所示。

```java
1    import java.util.Scanner;
2    public class Demo {
3        public static void main(String[] args) {
4            Scanner input = new Scanner(System.in);
5            int choose = 0;                //1)循环变量初始化
6            while(choose != 3){//2)循环条件
7                //菜单显示,并接收选项
8                System.out.println("* *欢迎使用蓝盾系统* *");
9                System.out.println("* 1 登录              *");
10               System.out.println("* 2 注册              *");
11               System.out.println("* 3 退出              *");
12               System.out.println("* * * * * * * * * * * *");
13               System.out.print("请选择(1~3):");
14               choose = input.nextInt();//3)循环变量值更新
15               //根据输入进行选择
16               switch (choose){
17                   case 1:
18                       System.out.println("===您选择了登录===");
19                       break;
20                   case 2:
21                       System.out.println("===您选择了注册===");
```

```
22                      break;
23              case 3:
24                      System.out.println("===感谢使用,再见!===");
25                      break;      //提示后不做任何处理,通过循环条件控制
26              default:
27                      System.out.println("---选择错误,请重新选择---");
28                      break;
29          }
30        }
31      }
32  }
```

图 4-4 是上述代码执行的几种情况。

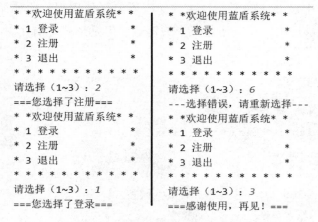

```
* *欢迎使用蓝盾系统* *          * *欢迎使用蓝盾系统* *
* 1 登录          *          * 1 登录          *
* 2 注册          *          * 2 注册          *
* 3 退出          *          * 3 退出          *
* * * * * * * * * *          * * * * * * * * * *
请选择（1~3）: 2             请选择（1~3）: 6
===您选择了注册===          ---选择错误,请重新选择---
* *欢迎使用蓝盾系统* *          * *欢迎使用蓝盾系统* *
* 1 登录          *          * 1 登录          *
* 2 注册          *          * 2 注册          *
* 3 退出          *          * 3 退出          *
* * * * * * * * * *          * * * * * * * * * *
请选择（1~3）: 1             请选择（1~3）: 3
===您选择了登录===          ===感谢使用,再见! ===
```

●图 4-4　菜单循环程序执行结果

　　循环变量初始化都是在进入循环前完成的，循环条件在"while"关键字后面进行限定，循环变量值更新一般在循环体中完成。小结一下，"while"循环结构的流程图如图 4-5 所示。

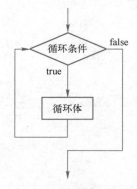

●图 4-5　"while"循环结构流程图

4.3.3　do-while 循环

"do-while" 循环结构的三个关键点与 "while" 循环是一样的，但是语法上存在区别，语法如下。

```
do {
    循环体
} while(条件表达式);
```

> **注意:**

在 "do-while" 循环结构中，条件表达式后面用一个英文输入法下的分号（";"）结尾。"do-while" 循环与 "while" 循环的区别在于如果循环条件表达式结果为 "false"，"do-while" 循环至少会执行一遍循环体，而 "while" 循环的循环体则不会执行。就像在餐厅吃饭，"do-while" 类似于先吃饭后付餐费的模式，而 "while" 循环是先付餐费再吃饭的模式。以上面的学习打卡循环为例，代码如下。

```
1    public class Demo {
2        public static void main(String[] args) {
3            int day = 1;                    //1)初始化循环变量
4            do{
5                System.out.println("天天学习打卡:" + day);
6                day ++;                     //3)循环变量值更新
7            }while (day <= 100);            //2)循环条件
8        }
9    }
```

输出情况与图 4-3 一致。请读者将 "while" 循环中的示例代码改写为 "do-while" 结构来增加对 "do-while" 结构的熟悉程度。其控制循环次数还是在于三个要素：①初始化循环变量；②循环条件；③循环变量值更新，区别在于循环条件在循环体后判断。"do-while" 循环结构的流程图如图 4-6 所示。

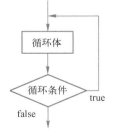

●图 4-6　"do-while" 循环结构流程图

4.3.4 for 循环

在进行循环结构控制过程中容易忽略循环变量初始化、循环条件和循环变量值更新，如果能将这三个关键点放在一起，一来不容易忘，二来能够直观地确定具体循环次数。"for" 循环的语法能够很好地达到这个要求，语法如下。

```
for(表达式 1；表达式 2；表达式 3){
    循环体
}
```

在表达式 1 的位置可以写循环变量初始化代码，在表达式 2 的位置写循环条件，在表达式 3 的位置进行循环变量值更新。三个表达式均可为空，但是小括号中的两个分号是不可或缺的。"for" 循环的执行流程图 4-7 所示。

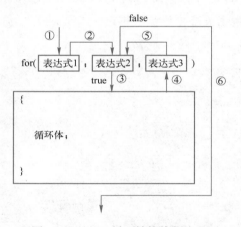

●图 4-7 "for" 循环结构执行流程图

根据图 4-7，首先程序会执行表达式 1 即①，然后转到表达式 2，即②，表达式 2 的结果为 "boolean" 类型，如果结果为 "true" 则按照③执行循环体代码块，然后按照④执行表达式 3，之后继续按照⑤执行表达式 2。如果表达式 2 的结果为 "false"，则直接结束循环按照⑥执行 "for" 循环后面的代码。在整个过程中表达式 1 仅执行一次，在表达式 2 结果为 "true" 的情况下程序按照③ → ④ → ⑤的步骤循环执行，否则退出循环结构。还是以学习打卡循环为例，代码如下。

```
1    public class Demo {
2        public static void main(String[] args) {
```

```
3          for(int day = 1;day <= 100;day++){
4              System.out.println("天天学习打卡:" + day);
5          }
6      }
7  }
```

上述代码输出情况与图 4-3 一致。可以发现该代码精简了很多，通过第 3 行代码可以直观地控制循环节奏。可以对照图 4-7 加强对 "for" 循环代码执行的理解。"for" 循环是使用频率较高的循环结构，下面通过计算 1+2+3+4+…+99+100 的基本算式来加深理解它的应用，代码如下。

```
1  public class Demo {
2      public static void main(String[] args) {
3          int sum = 0;      //用于存储累加值,注意初始值为 0
4          //计算 1~100 的累加
5          for(int i = 1;i<=100;i++){
6              sum += i;
7          }
8          //输出结果
9          System.out.println("sum:" + sum);    //输出"sum:5050"
10     }
11 }
```

在上述代码中，通过 "for" 循环控制 100 次重复执行，每次执行的时候将循环变量（也就是 1~100 的数字）通过累加的方式加到 "sum" 变量中进行存储，循环结束后打印变量 sum 的值。当然，计算 1~100 的累加有更方便的方法，不用循环，利用数学公式即可，代码如下所示，但是通过这个示例理解循环是一个不错的选择。在扩展阅读中有更多的相关说明。

```
1  int n = 100;
2  int sum = (n + 1) * n /2;
3  System.out.println("sum:" + sum);    //输出"sum:5050"
```

"for" 循环的流程图示意如图 4-8 所示，清晰地展示了三个表达式的作用。

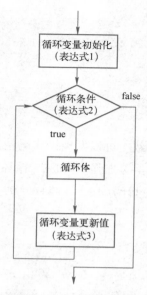

●图4-8 "for"循环流程图

4.3.5 循环中的关键字

在 Java 中提供了关于循环的一些关键字，用来增加对循环结构的使用灵活性。这里介绍常见的"break"和"continue"关键字。

"break"的作用是提前终止循环，常常在循环体中配合判断语句使用。在循环中如果遇到"break"关键字，循环就将立刻结束，如下代码示例能够完成用户名和密码的最多三次验证，如果输入正确则提前结束循环。注意字符串的比较用"equals"方法，代码中正确的用户名和密码分别为字符串"kkb"和"4009960826"。

```
1    import java.util.Scanner;
2    public class Demo {
3        public static void main(String[] args) {
4            Scanner input = new Scanner(System.in);
5            //用户名和密码输入验证,最多尝试三次
6            for (int i = 0; i < 3; i++) { //循环三次,控制最多尝试次数
7                System.out.print("用户名:");
8                String name = input.next();
9                System.out.print("密码:");
10               String pwd = input.next();
11               if (name.equals("kkb") && pwd.equals("4009960826")) {
```

```
12              System.out.println(name + ",登录成功!");
13              break;              //用户名和密码输入正确,退出循环
14          } else {
15              System.out.println("用户名或密码错误!");
16              System.out.println("你还有" + (2 - i) + "次机会!");
17          }
18        }
19      }
20    }
```

当首次输入正确的时候,输出如图 4-9 所示,程序提前结束循环。

用户名: *kkb*
密码: *4009960826*
kkb,登录成功!

●图 4-9 提前结束循环

“continue”的作用是结束本次循环,开始下一次的循环。结束本次循环意味着“continue”之后出现的代码不再执行,而是重新进入下一次循环,它也需要配合判断语句使用,否则没有具体意义。比如计算 1~10 中所有 2 的倍数的数值之和,代码如下。

```
1   public class Demo {
2     public static void main(String[] args) {
3       int sum = 0;
4       for(int i = 1;i <= 10;i++){
5         if(i % 2 != 0){
6           //如果遇到 continue,循环体中的剩余代码不执行,开始下一次循环
7           continue;
8         }
9         sum += i;
10      }
11      System.out.println("sum:" + sum);//输出"sum:30"
12    }
13  }
```

当然,聪明的读者会发现通过判断条件的变化,不用“continue”关键字也能完成上述代码中的功能,本示例仅用于演示“continue”的作用。

4.3.6 通过断点调试理解循环结构

在使用循环结构的过程中如果不小心就可能会导致死循环，程序永远停不下来。通过对循环结构三个关键点的确认，就可以减少不必要的"失控"。但是有些场合就可能需要写一个死循环，在符合条件的情况下通过"break"关键字退出循环，请看如下代码示例。

```
1    import java.util.Scanner;
2    public class Demo {
3        public static void main(String[] args) {
4            Scanner input = new Scanner(System.in);
5            while(true){                    //条件设置为死循环
6                System.out.print("请问,我是最帅的吗?");
7                String str = input.next();
8                if(str.equals("是")){       //符合条件再退出循环
9                    System.out.println("真有眼光!有缘再见!");
10                   break;
11               }
12           }
13       }
14   }
```

上述代码如果不输入符合条件的内容，就会一直重复下去。其输出结果如图 4-10 所示。

请问，我是最帅的吗？ *不是*
请问，我是最帅的吗？ *太自恋了吧*
请问，我是最帅的吗？ *是*
真有眼光！有缘再见！

● 图 4-10 "while" 死循环示例

用 "do-while" 和 "for" 同样也可以实现死循环效果，以 "for" 循环为例，实现图 4-10 所示程序功能的关键代码如下。

```
1    for(;;){
2        System.out.print("请问,我是最帅的吗?");
3        String str = input.next();
4        if(str.equals("是")){
```

```
5              System.out.println("真有眼光!有缘再见!");
6              break;
7          }
8      }
```

通过断点调试进行循环步骤的观察是一个非常不错的办法,可以直观了解循环的运行过程,同时对于循环不可控的情况进行摸底排查,了解问题出现的关键点。在 IDEA 中进行断点调试的步骤如下。

1)设置断点。在需要观察的代码行设置断点(快捷键〈Ctrl+F8〉),如图 4-11 所示,在第 3 行设置了断点。

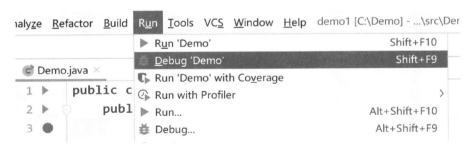

```java
public class Demo {
    public static void main(String[] args) {
        int i = 0;      // 在此处设置断点进行调试
        while (i < 5) {
            System.out.println("打卡: " + (i + 1));
            i++;
        }
    }
}
```

● 图 4-11　设置断点

2)以 "Debug" 模式运行程序。如图 4-12 所示,通过菜单项 "Run" → "Debug 'Demo'" 在调试模式下运行程序。

●图 4-12　调试模式下运行程序

3)观察变量。使用快捷键〈F8〉("Step Over",单步跳过,如果涉及调用方法不会进入方法定义)逐行执行代码。使用一次〈F8〉,代码就执行一行,可以直观地了解执行过程。当代码 "走" 到第 4 行时,会显示图 4-13 所示的变量 "i" 的当前值。

在遇到输出语句时,可以单击 "Console" 标签,结合变量值变化和输出结果进行匹配观察,如图 4-14 所示。

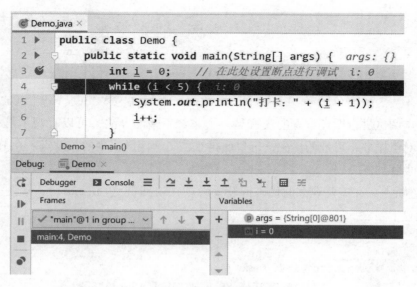

●图4-13　观察变量

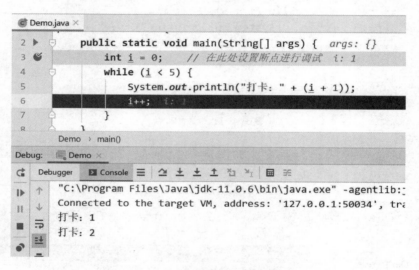

●图4-14　结合控制台输出观察运行过程

　　通过断点调试的使用，程序以"慢动作"的形式将每行代码的执行过程展现出来，方便编写者观察程序当前各个变量和输入输出的状态与预期是否匹配。在嵌套循环结构时，外层循环执行一遍，里层循环会执行多遍，通过单步调试可以增加对循环结构使用的熟练度。

4.3.7　循环嵌套及典型应用案例

　　循环嵌套与判断结构嵌套一个道理。只要正确嵌套，里层循环结构是外层循环结构的完整循环体即可。以双重循环为例，当外层循环执行一遍时，里层循环根据条件执行多遍。请读者输入如下关键代码，结合断点调试等方法加深对嵌套循环结构的理解。

```
1    for(int i = 0;i<5;i++){
2        for(int j = 0;j < 5;j++){
3            System.out.format("外层i=%d,里层j=%d  ",i,j);
4        }
5        System.out.println();      //外层循环一次,进行换行
6    }
```

通过几个典型案例加深对循环结构的理解非常有必要，详见如下案例。

1. 打印九九乘法表

通过循环打印图4-15所示的九九乘法表。

```
1*1=1
1*2=2    2*2=4
1*3=3    2*3=6    3*3=9
1*4=4    2*4=8    3*4=12   4*4=16
1*5=5    2*5=10   3*5=15   4*5=20   5*5=25
1*6=6    2*6=12   3*6=18   4*6=24   5*6=30   6*6=36
1*7=7    2*7=14   3*7=21   4*7=28   5*7=35   6*7=42   7*7=49
1*8=8    2*8=16   3*8=24   4*8=32   5*8=40   6*8=48   7*8=56   8*8=64
1*9=9    2*9=18   3*9=27   4*9=36   5*9=45   6*9=54   7*9=63   8*9=72   9*9=81
```

●图4-15　九九乘法表

分析：实现九九乘法表要从结构和计算两个角度进行切入。

首先看结构，它是一个直角三角形，可以通过两层循环的嵌套来实现图4-16所示的形状打印来解决结构问题。

```
*
**
***
****
*****
******
*******
********
*********
```

●图4-16　直角三角形

关键实现代码如下。

```
1    for(int i = 1;i <= 9;i++){
2      for(int j = 1;j <= i;j++){        //注意里层循环的循环条件
3           System.out.format("*");       //输出用了 format,不换行显示
4      }
5      System.out.println();
6    }
```

其次，通过结构中代码的分析可以看出循环变量"i"和"j"都是从 1 到 9 按照规律进行循环更新值的，因此就可以直接修改输出语句中的星号（" * "），来完成图 4-15 所示的最终效果。关键代码如下。

```
1    for(int i = 1;i <= 9;i++){
2      for(int j = 1;j <= i;j++){
3           System.out.format("%d*%d=%-4d",j,i,(i*j));//注意格式
4      }
5      System.out.println();
6    }
```

在嵌套循环中可以通过 Java 提供的标签功能快速从内部循环跳出到外层某一个定义好标签的循环，结合"break"和"continue"使用。语法是在循环（while、do-while、for）上面以标识符加冒号（:）的形式定义命名，在内层循环中通过"break 标签名;"或者"continue 标签名;"的方式跳出到定义好标签的循环。请尝试如下代码体会嵌套循环中标签的用法。

```
1    public class Demo {
2        public static void main(String[] args) {
3        myLoop:
4            for (int i = 0; i < 3; i++) {
5                for (int j = 0; j < 3; j++) {
6                    if(i % 2 == 0){
7                        System.out.println("*" + i);
8                        break myLoop;
9                    }
10                   System.out.println("$" + i);
11               }
12           }
13       }
14   }
```

上述代码中第 3 行进行了外层 "for" 循环的标签定义，在第 8 行符合条件的情况下直接跳出到 "myLoop" 定义的循环结构。"continue" 也是一样的用法。读者可以通过加上标签运行和去掉标签运行来确定程序流程的走向。在比较复杂的嵌套循环结构中会用到标签，以便简化部分逻辑（任务 5 中会用到）。

注意：

在嵌套循环（或者嵌套 "switch"）中可以使用标签功能，定义标签的时候，与匹配的循环（或者 "switch"）之间不要有其他语句出现。

2. 斐波那契数列

维基百科上关于斐波那契数列的说明如下：斐波那契数列由 0 和 1 开始，之后的斐波那契数就是由之前的两数相加而得出，前面几个斐波那契数是 0，1，1，2，3，5，8，13，21，34，55，89，144，233……特别指出：0 不是第 1 项，而是第 0 项。

用程序实现斐波那契数列打印的方法之一是用循环结构。以下代码实现了前 20 个斐波那契数的打印。

```
1    int n1 = 1, n2 = 1, num = 0;
2    //先输出前 3 个数
3    System.out.format("% -5d% -5d% -5d",0, n1, n2);
4    for (int i = 0; i < 9;i++) {              //输出后续的 8 个规律数
5        num = n1 + n2;                         //获得前两个数之和,存入 num
6        n1 = n2;                               //前一个数成为下一个数
7        n2 = num;                              //下一个数成为之前两数之和
8        System.out.format("% -5d", num);       //打印两数之和
9    }
```

输出结果为："0   1   1   2   3   5   8   13   21   34   55 "。建议通过断点调试观察变量值和输出内容的变化。

3. 解析五位正整数，求个位、十位、百位、千位、万位之和

通过循环取余数和整除取整可以达到目的。比如整数 358，通过取余 10 可以得到 8（即个位数），通过整除 10、从 358 变为 35，方便下次继续取余 10，获取个位数。通过以下示例代码可以直观了解通过循环解决此类问题的思路。

```
1    import java.util.Scanner;
2    public class Demo {
3        public static void main(String[] args) {
```

```
4          Scanner input = new Scanner(System.in);
5          int num = 0,sum = 0;
6          System.out.print("请输入五位数及以下的正整数");
7          num = input.nextInt();
8          if(num < 0 || num >= 100000){        //判断有效性
9              System.out.println("范围超出,程序将退出");
10             return;
11         }
12         while (num > 0){
13             int temp = num % 10;             //获取个位数
14             sum += temp;                     //进行累加
15             num /= 10;                       //整除10
16         }
17         System.out.println("位数之和是:" + sum);
18     }
19 }
```

4.3.8 字符串方法补充

本任务线索中补充 "String" 类型中的 "replace" 方法。"replace" 方法可以在字符串中完成替换，需要确定目标字符串和要替换的字符串，通过如下示例代码可以完成功能理解。

```
1    String str = "hello2019!";
2    str = str.replace("2019","2020");        //将字符 str 中的"2019"替换为"2020"
3    System.out.println(str);                 //输出:"hello2020!"
```

请注意，第二行代码中通过等于号重新给 str 进行了赋值。

4.4 任务实施

利用控制台输入和输出来完成对话模拟。本次 "人机" 对话过程利用了字符串的替换功能，将对话中常见的 "吗" 删除，将问号改为感叹号，从语句结构角度进行了简单对话模拟。整个程序实现过程需要两个字符串类型变量，用于存储机器人昵称和输入的文字消息，当用户输入 "再见" 时机器人打招呼退出程序。参考代码如下所示。

```
1    import java.util.Scanner;
2
3    public class Dialogue {
4        public static void main(String[] args) {
5            Scanner input = new Scanner(System.in);
6            String message = "";                        //用户存储消息
7            String machine = "";                        //对话机器人名称
8            System.out.print("请输入聊天对象昵称:");
9            machine = input.next();
10           System.out.println("** Java 人机交互模拟 **");
11           while (true) {
12               System.out.print("你:");
13               message = input.next();
14               if(message.equals("再见")){            //退出条件
15                   System.out.println(machine + ":跟你聊天很愉快,再见!");
16                   break;
17               }
18               message = message.replace("吗", "");  //去掉句子中的 "吗"
19               message = message.replace("?", "!");  //将英文输入法的问号替换为感
叹号
20               message = message.replace("?", "!");  //将中文输入法的问号替换为感
叹号
21               System.out.println(machine + ":" + message);
22           }
23       }
24   }
```

　　在完成以上功能的基础上可以对程序进行改进，通过增加判断或者结构上的变化等让程序变得更加智能。本次任务仅仅是一个模拟，读者通过不断学习可以了解到更多相关知识。

　　在人工智能（Artificial Intelligence，AI）领域，通过自然语言处理（Natural Language Processing，NLP）实现人机对话功能已经成为主流应用，它涵盖了识别、算法、理解、合成等方面知识，已经逐渐成为当今社会活动的应用场景之一，未来更加可期。

4.5 验收标准

在任务完成过程中是否实现了程序预定功能是非常重要的衡量指标。每一次代码改动，在完善部分功能的同时，也会带来一定的质量不确定性。在目前阶段，从可维护的角度需要规范命名和添加适当注释，从任务完成角度需要进行合理测试。提醒读者从以下两个方面进行任务检查，并梳理学习心得，完成学习笔记。

1）命名规范、注释合理。

2）检查程序代码是否可以按照任务说明正常运行。

4.6 问题总结

1）用如下示例代码来测试"do-while"和"while"循环结构的不同之处。

"while"循环：

```
1    import java.util.Scanner;
2    public class Demo {
3        public static void main(String[] args) {
4            Scanner input = new Scanner(System.in);
5            int balance = 0;
6            System.out.print("请输入钱包余额:");
7            balance = input.nextInt();
8            while (balance >= 20){
9                System.out.println("吃了一顿自助餐");
10               balance -= 20;          //每次自助餐20元
11           }
12           System.out.println("程序结束");
13       }
14   }
```

"do-while"循环：

```
1    import java.util.Scanner;
2    public class Demo {
```

```
3      public static void main(String[] args) {
4          Scanner input = new Scanner(System.in);
5          int balance = 0;
6          System.out.print("请输入钱包余额:");
7          balance = input.nextInt();
8          do{
9              System.out.println("吃了一顿自助餐");
10             balance -= 20;         //每次自助餐20元
11         }while (balance >= 20);
12         System.out.println("程序结束");
13     }
14  }
```

2) 如何让循环结构更 "听话"？

思考方向：初学循环结构建议多试用 for 循环结构，这样对于循环整体的 "控制" 会更加直观。同时，需要时刻注意循环变量初始化值、循环条件和循环变量值更新带来的循环次数的变化。除了在循环体中测试输出，使用断点调试也是寻找循环结构 "不听话" 的原因的主要方法。仅仅知道原理是不够的，经过更多的实践才能够从量变到质变，让循环成为趁手的工具。

4.7 扩展阅读

4.7.1 实现 1~100 的求和功能

可以通过循环来让计算机帮助人们 "跑腿"，完成这个等差数列的求和问题（公差为 1，项数为 100），代码片段如下。

```
1  int sum = 0;                      //存放累加值,初始化为0
2  for (int i = 1; i <= 100; i++) {
3      sum += i;                     //每次循环将对应的数进行累加求和
4  }
5  System.out.println(sum);          //循环结束后进行输出,得到5050
```

求和算法的一个核心是初始化累加值变量为 0，循环体中进行累加求和，循环后得到总和（输出查看结果）。

如果使用数学方法，可以让计算机"省事"很多。等差数求和公式如下。

```
和 = (首项 + 末项) * 项数 /2
末项 = 首项 + (项数 - 1) * 公差
```

通过以上公式可以快速得到结果，代码如下所示。

```
1    int sum = 0;                    //总和
2    int n = 100;                    //项数
3    int d = 1;                      //公差
4    sum = (1 + (1 + (n - 1) * d)) * n /2;
5    System.out.println(sum);        //输出 5050
```

4.7.2 鸡兔同笼问题

鸡兔同笼是中国古代的数学名题之一，《孙子算经》中记载了这个问题："今有雉兔同笼，上有三十五头，下有九十四足，问雉兔各几何？"。意思是："有若干只鸡兔同在一个笼子里，从上面数，有 35 个头，从下面数，有 94 只脚。问笼中各有多少只鸡和兔？"。

通过数学方法有很多种解法，在程序中也很好用，因为本任务阶段正在学习循环，所以使用循环来实现，让计算机提供答案。

```
1    //遍历鸡
2    for (int i = 0; i <= 35; i++) {
3        //遍历兔
4        for (int j = 0; j <= 35; j++) {
5            //如果鸡和兔的头和脚的数量符合条件则输出
6            if (i + j == 35 && i * 2 + j * 4 == 94) {
7                System.out.format("鸡有%d只,兔有%d只", i, j);
8            }
9        }
10   }
```

循环结构是学习程序逻辑的难点之一。通过不断实践，对循环结构的理解也会逐渐加强，程序流程开始"乖乖听话"，读者运用循环结构也会得心应手。到目前为止，在程序中存储数据还停留在单个值（变量）的阶段，能不能同时存储多个值来解决更复杂的任务呢？带着这个问题，一起挑战接下来的任务吧！

扫一扫观看串讲视频

任务 **5**
实现会议室预定管理

完整地过好今天，就能看到明天。

——稻盛和夫

5.1 任务描述

会议室预定是公司运营中的常见事件。目前公司有八个会议室，请编写程序，可以实现当日会议室预定功能，预定后可以查看具体状态。程序运行后的界面如图5-1所示。

```
** 欢迎使用会议室预定系统 **
1. 预定会议室
2. 会议室状态查看
0. 退出
请输入功能序号：1
```

●图 5-1　主菜单

当用户输入 1 选择预定会议室后显示图 5-2 所示的界面。

```
-------- 　会议室预定　 --------
请输入开会时间（请输入0-23数字 ，表示0点-23点）：10
```

●图 5-2　会议室预定

用户输入 10，表示预定 10 点的会议室，出现图 5-3 所示的界面，只有此时间段可以预定的会议室才能够在列表中显示。

```
空闲的会议室如下
0    一会议室(24人)
1    二会议室(12人)
2    三会议室(8人)
3    四会议室(8人)
4    五会议室(6人)
5    六会议室(4人)
6    七会议室(4人)
7    八会议室(4人)
请选择要使用的会议室序号：0
```

●图 5-3　显示空闲会议室

用户输入 0，表示选择了一会议室，会提示输入预定者姓名，同时提示预定成功信息，重新返回主菜单，如图 5-4 所示。

通过输入序号 2，可以进行会议室状态查看，如图 5-5 所示。

输入 0 可以查看一会议室信息中已经预约的时间段（显示 0 点~23 点列表），同时返回主菜单，如图 5-6 所示。

请选择要使用的会议室序号：*0*
请输入您的姓名：
andy
恭喜你andy，会议室预定成功
会议室名称：一会议室(24人)
开会时间：10点
1．预定会议室
2．会议室状态查看
0．退出
请输入功能序号：

●图 5-4 会议室预定成功

请输入功能序号：*2*
-------- 会议室列表如下 --------
0． 一会议室(24人)
1． 二会议室(12人)
2． 三会议室(8人)
3． 四会议室(8人)
4． 五会议室(6人)
5． 六会议室(4人)
6． 七会议室(4人)
7． 八会议室(4人)
会议室列表如上所示，请输入序号查看会议室状态

●图 5-5 会议室列表

9点   :空闲
10点   :andy 已预定
11点   :空闲
12点   :空闲
13点   :空闲
14点   :空闲
15点   :空闲
16点   :空闲
17点   :空闲
18点   :空闲
19点   :空闲
20点   :空闲
21点   :空闲
22点   :空闲
23点   :空闲
1．预定会议室
2．会议室状态查看
0．退出
请输入功能序号：

●图 5-6 一会议室预定列表

每次可以预定一个小时的资源，会议室资源不能产生冲突，输入错误有相应的错误提示，如图 5-7 所示。主菜单中输入 0 退出系统。

```
1. 预定会议室
2. 会议室状态查看
0. 退出
请输入功能序号:33
输入有误,请检查
1. 预定会议室
2. 会议室状态查看
0. 退出
请输入功能序号:
```

●图 5-7　输入错误信息提示

5.2　目标

- 掌握 Java 数组语法。
- 掌握数组相关常见算法。
- 掌握二维数组。

5.3　任务线索

用 Java 程序描述一场足球赛会涉及多少和变量？一个球队在场上的有 11 个人，两个球队就是 22 个人（不算裁判）。每个队员都可以接球和传球，需要 22 个变量来标记每个球员吗？起变量名都是一个令人头疼的问题。同时，相同号码的球员可能属于不同的球队。例如，虽然都是 9 号球员，一个可能是中国队的 9 号，一个可能是巴西队的 9 号。如果有一种数据结构直接可以通过队名定位具体的队员，比如巴西队 9 号就是罗纳尔多，所有队员都通过队名来访问将会非常方便。以下线索将围绕叫"数组"的数据结构展开。

5.3.1　一维数组基本语法

程序中有一种数据结构叫数组，可以存储相同类型的多个变量。多个变量拥有一个相同的名字，访问元素的时候通过位置（索引）进行定位取值或者赋值。可以把数组理解为相同数据类型多个数据的容器，可以存放多个类型相同的变量进行管理。与变量的使用一样，也需要先声明后使用。先看一维数组的声明，如下所示。

```
第一种   数据类型[] 数组名;           //int[] nums;
第二种   数据类型 数组名[];           //int nums[];
```

具体使用时不建议使用第二种，容易跟变量的声明混淆，后续代码统一采用第一种方式。在声明时可以同时完成空间大小初始化，语法如下所示。

```
数据类型[] 数组名 = new 数据类型[数组长度];
```

示例：

```
int[] nums = new int[5];
```

该示例声明并定义了有 5 个 int 空间的数组，名称叫 nums，因为是 int 类型，所以这里默认值都是 0。

new 关键字为数组 nums 开辟空间，中括号中的 5 表示空间大小（即数组中的元素个数）。定义初始化完成后，可以通过数组名加中括号来指定位置（这个位置从 0 开始，术语叫 "索引"）进行内部元素值的读取和赋值。使用 new 关键字时系统根据数据类型给数组中元素赋初始值（byte、short、int、long 默认值为 0；float、double 默认值为 0.0；char 默认值为'\u0000'；boolean 默认值为 false；引用类型，比如 String 默认值为 null）。见如下示例代码。

```
1    //声明并定义数组
2    int[] nums = new int[5];
3    //给数组中的第二个元素赋值8,即索引为1的元素
4    nums[1] = 8;
5    //打印输出第一个和第二个元素
6    System.out.println(nums[0]);     //输出 0,默认值
7    System.out.println(nums[1]);     //输出 8
```

既然数组的索引从 0 开始，是否可以通过循环来动态赋值和取值呢？如下代码完成循环获取输入的成绩，并进行循环，打印结果。

```
1    import java.util.Scanner;
2    public class Demo {
3      public static void main(String[] args) {
4          Scanner input = new Scanner(System.in);
5          //声明并定义数组
6          double[] score = new double[3];
7          //循环接收用户输入,注意循环不要导致数组越界
```

```
8                for (int i = 0; i < 3; i++) {
9                    System.out.format("请输入第%d个成绩:", (i + 1));
10                   score[i] = input.nextDouble();      //通过索引赋值
11               }
12               //循环输出
13               System.out.println("输入的成绩如下:");
14               for (int i = 0; i < 3; i++) {
15                   System.out.println(score[i]);       //通过索引取值
16               }
17           }
18       }
```

输入结果如图5-8所示。

请输入第1个成绩：*90*
请输入第2个成绩：*95*
请输入第3个成绩：*99*
输入的成绩如下：
90.0
95.0
99.0

●图5-8　成绩的输入和输出

数组也可以在声明时同时完成具体值赋值，具体用法如下所示。

数据类型[] 数组名 = new 数据类型[]{元素1,元素2,……};

或者

数据类型[] 数组名 = {元素1,元素2,……};

示例代码片段如下。

```
1    int[] nums = new int[]{4,3,8};
2    int[] arr = {6,9,3};
3    //获得两个数组中第一个元素之和
4    int sum = nums[0] + arr[0];
5    //输出
6    System.out.println(sum);      //输出10
```

关于数组强调如下几点。

1）数组中存储相同类型的数据。

2）数组中元素按线性顺序排列，索引从 0 开始，最后一个索引位置是数组长度减一。

3）创建数组空间后，其长度就已经固定，除非通过 new 关键字重新创建新空间。

图 5-9 说明了数组元素及索引的对应关系。

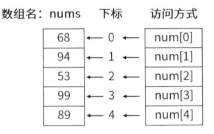

●图 5-9　数组元素及索引示意图

5.3.2　数组常见属性和方法

在遍历数组的场景下，需要明确数组的大小（即所有数组元素的个数）。Java 数组提供了 length 属性，用于获取数组长度，代码片段如下所示。

```
1    int[] nums = {4,8,2};
2    System.out.println("数组大小:" + nums.length);   //输出 3
```

在循环遍历数组所有元素的时候，可以使用数组长度属性作为循环条件，见如下代码。

```
1    public class Demo {
2        public static void main(String[] args) {
3            int[] nums = {4, 8, 2};
4            for (int i = 0; i < nums.length; i++) {
5                System.out.format("第%d个元素:% -5d", (i + 1), nums[i]);
6            }
7        }
8    }
```

运行结果为"第 1 个元素：4　　第 2 个元素：8　　第 3 个元素：2　　"。可以通过 "Arrays. toString" 方法快速返回数组所含数组元素的字符串形式（程序需要导入包 java. util. Arrays），代码片段如下所示。

```
1    int[] nums = {4, 8, 2};
2    String str = Arrays.toString(nums);      //返回数组中内容
3    System.out.println(str);                 //输出测试
```

通过"Arrays. sort"方法可以快速对数组元素进行排序，详见如下代码。

```
1    import java.util.Arrays;
2    public class Demo {
3        public static void main(String[] args) {
4            int[] nums = {4, 8, 2};
5            Arrays.sort(nums);                              //调用排序方法,默认是升序
6            System.out.println(Arrays.toString(nums)); //输出[2, 4, 8]
7        }
8    }
```

5.3.3 一维数组常见算法

数组可以存储多个相同类型的数据，因此衍生出了数据统计、排序等相关算法的应用。一起来进行学习和练习。

1. 求最大值和最小值

数字类型数组求最大值的思路：①假定数组中的第一个元素为最大值；②从第二个元素开始依次与假定的最大值进行比较；③如果假定值较小，将大的值赋给假定值；④数组循环结束后假定值就是最大值。通过如下代码来求证一下。

```
1    public class Demo {
2        public static void main(String[] args) {
3            int[] nums = {9, 14, 8, 20, 4};
4            int max = nums[0];           //①假定数组中的第一个元素为最大值
5            for (int i = 1; i < nums.length; i++) {
6                //②从第二个元素开始依次与假定的最大值进行比较
7                if(max < nums[i]){
8                    max = nums[i];       //③如果假定值较小,将大的值赋给假定值
9                }
10            }
11            //④数组循环结束后假定值就是最大值
12            System.out.println("max:" + max);
```

```
13        }
14    }
```

上述示例代码输出"max：20"。求最小值的原理与求最大值一样，仅仅是条件不同而已，详见如下关键代码，请读者尝试添加注释。

```
1    int[] nums = {9, 14, 8, 20, 4};
2    int min = nums[0];
3    for (int i = 1; i < nums.length; i++) {
4        min = min > nums[i] ? nums[i] : min;      //三元运算符
5    }
6    System.out.println("min:" + min);             //输出 min:4
```

2. 求和、求平均值

求数字类型数组中所有元素之和的思路如下：①声明一个变量用于存储和，初始化为0；②通过循环依次进行累加；③循环结束后累加值就是所有元素之和。实现代码如下。

```
1    public class Demo {
2        public static void main(String[] args) {
3            int[] nums = {9, 14, 8, 20, 4};
4            int sum = 0;                            //初始化为 0
5            for (int i = 0; i < nums.length; i++) {
6                sum += nums[i];                     //累加
7            }
8            //循环结束后得到总和
9            System.out.println("sum:" + sum);    //输出 sum:55
10       }
11   }
```

求平均值在总和的基础上除以数组个数即可，注意小数处理，关键代码如下。

```
1    double avg = (double) sum /nums.length;
2    System.out.println("avg:" + avg);
```

3. 统计符合条件的个数

在数组中统计符合条件元素个数的算法也称为计数器。关键思路是：①计数器变量初始化为0；②循环过程中符合条件情况下计数器变量自增一；③循环结束后计数器变量的值就是符合条件的个数。统计数组中所有偶数的个数，实现代码如下。

```
1   public class Demo {
2       public static void main(String[] args) {
3           int[] nums = {9, 14, 7, 20, 4};
4           int count = 0;                          //计数器变量初始化为0
5           for (int i = 0; i < nums.length; i++) {
6               if(nums[i] % 2 == 0){               //如果是偶数
7                   count++;//自增一
8               }
9           }
10          //循环结束后输出计数器值
11          System.out.println("count:" + count);   //输出 count:3
12      }
13  }
```

4. 冒泡排序

虽然可以使用"Arrays. sort"方法对数组进行排序，但是有必要通过自己动手编写程序来体验排序原理，正所谓"排序方法千万条，自己实现第一条"。在一些公司的面试中经常要求手写冒泡排序代码，下面一起来学习冒泡排序。

算法的名字由来是因为越大（或越小）的元素会经由交换慢慢"浮"到数列的顶端。排序思路：①比较相邻的元素，如果第一个比第二个大，就进行交换；②对每一对相邻元素做同样的工作，从第一对到最后一对，最后的元素会是最大的数；③针对所有元素重复以上步骤，除了最后一个；④持续每次对越来越少的元素重复上面的步骤，直到没有任何一对数字需要比较。图5-10针对有5个元素的整数展示了冒泡排序的过程。

●图5-10　冒泡排序示意图

进行代码实现时使用外层循环控制进行几轮冒泡，里层循环控制每一轮需要进行的对比交换过程。需要注意的是每次循环次数的变化,代码如下。

```
1    import java.util.Arrays;
2    //实现冒泡排序
3    public class Demo {
4        public static void main(String[] args) {
5            int[] nums = {15, 3, 21, 49, 8};
6            System.out.println("原始顺序:" + Arrays.toString(nums));
7            for (int i = 0; i < nums.length - 1; i++) {//外层循环控制进行几轮冒泡
8                for (int j = 0; j < nums.length - i - 1; j++) {//里层循环控制每一轮需
要进行的对比交换过程
9                    if (nums[j] > nums[j + 1]) {//符合条件后交换
10                       int temp = nums[j];
11                       nums[j] = nums[j + 1];
12                       nums[j + 1] = temp;
13                   }
14               }
15               //打印每一轮比较后的结果(查看过程数据)
16               System.out.format("第 %d 轮:" + Arrays.toString(nums) + "%n", (i
+ 1));
17           }
18           //输出最终排序后的结果
19           System.out.println("排序结果:" + Arrays.toString(nums));
20       }
21   }
```

代码输出结果如图5-11所示,印证了5-10展示的示意图。

```
原始顺序: [15, 3, 21, 49, 8]
第 1 轮: [3, 15, 21, 8, 49]
第 2 轮: [3, 15, 8, 21, 49]
第 3 轮: [3, 8, 15, 21, 49]
第 4 轮: [3, 8, 15, 21, 49]
排序结果: [3, 8, 15, 21, 49]
```

●图5-11 冒泡排序程序运行结果

嵌套循环的条件来源于第几轮次数和每轮第几次的数字变化规律,即"length − 1"和"length − i − 1"。除了冒泡排序还有选择排序、插入排序、快速排序、堆排序等不同算法,每个算法针对不同数据量和数据特点提供了不同性能的支持。本书不再展开,有兴趣的读者可以阅读数据结构和算法相关的书籍进行学习。

5. 数组逆序

可以对数组元素进行翻转（即逆序）来完成某个业务需求功能。思路也比较简单：①第一个与最后一个元素交换；②第二个与倒数第二个交换；③以此类推；④对调次数是数组长度除以 2。通过如下代码来实现功能。

```
1   import java.util.Arrays;
2   //实现数组逆序
3   public class Demo {
4       public static void main(String[] args) {
5           int[] nums = {1, 2, 3, 4, 5};
6           System.out.println("原始顺序:" + Arrays.toString(nums));
7           //进行逆序操作
8           for (int i = 0; i < nums.length / 2; i++) {
9               //两数交换
10              int temp = nums[i];
11              nums[i] = nums[nums.length - 1 - i];
12              nums[nums.length - 1 - i] = temp;
13          }
14          System.out.println("处理后顺序:" + Arrays.toString(nums));
15      }
16  }
```

6. 数组元素查找

在数组中查找某一个值，找到后显示对应的位置（索引），没有找到显示–1。思路：通过循环遍历对比要查找的内容是否与数组中的元素相同（如果是字符串类型需要用"equals"方法比较），如果相同（即找到）则提前结束循环，同时记录找到的索引位置。如果循环结束都没有找到，显示–1，提示不存在，代码如下。

```
1   //从数组中查找
2   public class Demo {
3       public static void main(String[] args) {
4           int[] nums = {15, 3, 21, 49, 8};
5           int value = 21;              //要查找的值
6           int index = -1;              //用于记录索引位置,默认-1
7           //开始循环查找
8           for(int i = 0;i<nums.length;i++){
```

```
9                  if(nums[i] == value){
10                     index = i;      //找到了记录索引位置
11                     break;
12                  }
13              }
14          //循环查找后根据不同情况进行提示输出
15          if(index != -1) {
16              System.out.format("找到了%d,数组中索引位置是:%d",value,index);
17          }else{
18              System.out.format("数组中不存在%d值,返回索引为:%d",value,index);
19          }
20      }
21  }
```

代码输出结果为"找到了 21，数组中索引位置是：2"。如果没有找到则输出"else"部分的输出提示。

7. 根据输入的索引显示匹配的生肖

十二生肖，又叫属相，是中国与十二地支相配以人出生年份的十二种动物，分别是：子鼠、丑牛、寅虎、卯兔、辰龙、巳蛇、午马、未羊、申猴、酉鸡、戌狗、亥猪。使用Java 程序将十二生肖存入数组中，通过索引进行访问显示对应的生肖，代码如下。

```
1   import java.util.Scanner;
2   //根据输入的索引显示匹配的生肖
3   public class Demo {
4       public static void main(String[] args) {
5           Scanner input = new Scanner(System.in);
6           //用字符串数组将十二生肖进行初始化
7           String[] str = {"子鼠","丑牛","寅虎","卯兔","辰龙","巳蛇","午马","未羊","申猴","酉鸡","戌狗","亥猪"};
8           System.out.print("请输入索引(0~11):");
9           int index = input.nextInt();
10          System.out.println("匹配的生肖是:" + str[index]);
11      }
12  }
```

程序输出结果如图 5-12 所示。

请输入索引(0~11)：*10*
匹配的生肖是：戌狗

●图 5-12　生肖匹配程序

5.3.4　二维数组

二维数组就是一个元素是一维数组的数组。这句话说起来比较拗口，但二维数组与一维数组的本质是相同的。一维数组中的元素之前都是简单类型（int、double、String 等），如果把这些类型更改为一个一维数组就变成了二维数组。二维数组的创建语法如下（与一维数组语法对照）。

一维数组：　数据类型[] 数组名 = new 数据类型[长度]；
二维数组：　数据类型[][] 数组名 = new 数据类型[长度][]；

可以将二维数组理解为一个表格，通过行和列的索引来访问具体的元素值。以下代码实现二维数组的声明定义和赋值取值。

```
1     //二维数组演示
2     public class Demo {
3         public static void main(String[] args) {
4             //声明二维数组
5             int[][] nums = new int[3][];
6             //在二维数组对应索引处创建一维数组空间
7             nums[0] = new int[]{34,19};
8             nums[1] = new int[]{45,67,88};
9             nums[2] = new int[]{47,98,12};
10            //测试输出
11            System.out.println(nums[0][1]);    //输出 19
12        }
13    }
```

可以按照图 5-13 理解上述代码。如果按照"int[][] nums = new int[3][3]；"来声明就是固定的 3×3 表格形式，而不像图 5-13 那样有些长度还可以不一致。

	0	1	2
0	34	19	
1	45	67	88
2	47	98	12

●图 5-13　二维数组示意图

二维数组的遍历需要使用嵌套循环来完成，见如下代码。

```
1    //二维数组遍历
2    public class Demo {
3        public static void main(String[] args) {
4            //声明二维数组
5            int[][] nums = new int[3][];
6            //在二维数组对应索引处创建一维数组空间
7            nums[0] = new int[]{34,19};
8            nums[1] = new int[]{45,67,88};
9            nums[2] = new int[]{47,98,12};
10           //遍历输出
11           for (int i = 0; i < nums.length; i++) {
12               for (int j = 0; j < nums[i].length; j++) {
13                   System.out.print(nums[i][j] + "\t");
14               }
15               System.out.println();
16           }
17       }
18   }
```

5.3.5 整数输入的有效性判断

见如下代码，当用户在控制台输入的内容不是程序预想的整数时会报出图 5-14 所示的错误。

```
1    import java.util.Scanner;
2
3    public class Demo {
4        public static void main(String[] args) {
5            Scanner input = new Scanner(System.in);
6            System.out.print("请输入一个整数:");
7            int num = input.nextInt();
8            int result = num * num;
9            System.out.println("该数的平方是:" + result);
10       }
11   }
```

请输入一个整数: *a*
```
Exception in thread "main" java.util.InputMismatchException
    at java.base/java.util.Scanner.throwFor(Scanner.java:939)
    at java.base/java.util.Scanner.next(Scanner.java:1594)
    at java.base/java.util.Scanner.nextInt(Scanner.java:2258)
    at java.base/java.util.Scanner.nextInt(Scanner.java:2212)
    at Demo.main(Demo.java:7)
```

●图 5-14　错误的数字格式

可以通过"Scanner"类提供的"hasNextInt"方法进行判断，完整代码如下。

```
1    import java.util.Scanner;
2
3    public class Demo {
4        public static void main(String[] args) {
5            Scanner input = new Scanner(System.in);
6            System.out.print("请输入一个整数:");
7            if(input.hasNextInt()) {
8                int num = input.nextInt();
9                int result = num * num;
10               System.out.println("该数的平方是:" + result);
11           }else{
12               System.out.println("输入错误!");
13           }
14       }
15   }
```

此时，如果用户输入错误，将进行提示，如图 5-15 所示。

请输入一个整数: *abc*
输入错误！

●图 5-15　错误提示

5.4　任务实施

根据会议室预定管理任务描述来看，需要首先将需求整理好，在此基础上利用一维数组存储八个会议室的名称，用二维数组存储会议室时间表。本任务代码实现难度在于逻辑处理。在后续任务学习中可以通过方法、集合等进行代码的重构，本次练习重点还在于逻辑处理。请读者在自行实现的基础上对照以下参考代码进行学习。

```
1    import java.util.Scanner;
2    /**
3     * 实现会议室预定管理
4     * @ author LiWeiJie
5     * @ version 1.0
6     */
7    public class MeetingRoomReserve {
8        public static void main(String[] args) {
9            //初始化接收用户输入
10           Scanner input = new Scanner(System.in);
11           //初始化会议室名称
12           String[] names = {"一会议室(24人)", "二会议室(12人)", "三会议室(8人)", "四会议室(8人)", "五会议室(6人)", "六会议室(4人)", "七会议室(4人)", "八会议室(4人)"};
13           //初始化会议室时间表 (时间表后续使用预定人名称填充,所以类型为 String)
14           String[][] times = new String[names.length][24];
15           //显示欢迎语句
16           System.out.println("** 欢迎使用会议室预定系统 **");
17           //循环显示主菜单
18           main:
19           while (true) {
20               System.out.println("1. 预定会议室");
21               System.out.println("2. 会议室状态查看");
22               System.out.println("0. 退出");
23               System.out.print("请输入功能序号:");
24               //判断输入是否为数字
25               if (input.hasNextInt()) {
26                 int menuNum = input.nextInt();
27                 //当输入不合理时,跳出本次循环
28                 if (menuNum < 0 || menuNum > 2) {
29                     System.out.println("输入有误,请检查");
30                     continue main;
31                 }
32                 //根据用户选择的菜单,进行相应功能的实现
33                 switch (menuNum) {
34                 case 1: {
35                     //开始会议室预定流程
36                     System.out.println("--------\t 会议室预定 \t--------");
```

```
37                    while (true) {
38                        //提示输入开会时间
39                        System.out.print("请输入开会时间 (请输入 0-23 数字，表示 0
点-23 点):");
40                        if (input.hasNextInt()) {
41                            int time = input.nextInt();
42                            //判断时间是否有误
43                            if (time < 0 ‖ time > 23) {
44                                System.out.println("输入有误,请重新输入");
45                            } else {
46                                //计算此时间是否有空闲会议室
47                                boolean flag = false;
48                                for (int i = 0; i < times.length; i++) {
49                                    if (times[i][time] == null) {
50                                        flag = true;
51                                        break;
52                                    }
53                                }
54                                //无空闲
55                                if (!flag) {
56                                    System.out.println("此时间段暂无空闲会议室,
请更换开会时间");
57                                } else {
58                                    //有空闲会议室时,循环提示选择会议室
59                                    while (true) {
60                                        System.out.println("空闲的会议室如下");
61                                        //显示空闲的所有会议室
62                                        for (int i = 0; i < times.length; i++) {
63                                            if (times[i][time] == null) {
64                                                System.out.println (i + " \t" +
names[i]);
65                                            }
66                                        }
67                                        System.out.print("请选择要使用的会议室
序号:");
68                                        //接收会议室序号选择
69                                        if (input.hasNextInt()) {
```

```
70                                        int num = input.nextInt();
71                                        if (num < 0 || num > names.length ||
times[num][time] != null) {
72                                            System.out.println("输入有误,请
重新输入");
73                                        } else {
74                                            //提示输入预定人员名称
75                                            System.out.println("请输入您的
姓名:");
76                                            times[num][time] = input.next();
77                                            System.out.println("恭喜你" +
times[num][time] + ",会议室预定成功");
78                                            System.out.println("会议室名称:"
+ names[num]);
79                                            System.out.println("开会时间:" +
time + "点");
80                                            break;
81                                        }
82                                    } else {
83                                        //输入非数字会议室序号时提示错误
84                                        input.next();
85                                        System.out.println("输入有误,请重新
输入");
86                                    }
87                                }
88        "                        }
89                                break;
90                            }
91                        } else {
92                            //输入非数字会议室时间时提示错误
93                            input.next();
94                            System.out.println("输入有误,请重新输入");
95                        }
96                    }
97                    break;
98                }
99                case 2: {
```

```
100                    //显示会议室列表
101                    System.out.println("------- \t 会议室列表如下 \t-------");
102                    for (int i = 0; i < names.length; i++) {
103                        System.out.println(i + ". \t" + names[i]);
104                    }
105                    System.out.println("会议室列表如上所示,请输入序号查看会议室
状态");
106                    //接收输入要查看的会议室序号
107                    while (true) {
108                        if (input.hasNextInt()) {
109                            int num = input.nextInt();
110                            if (num < 0 || num > names.length - 1) {
111                                System.out.println("输入有误,请重新输入");
112                            } else {
113                                //获取指定会议室的 24 小时预定情况
114                                String[] status = times[num];
115                                System.out.println("< " + names[num] + " >会
议室使用情况如下:");
116                                for (int i = 0; i < status.length; i++) {
117                                    //提示时间和空闲状态
118                                    System.out.println((i > 9 ? "" + i : " " +
i) + "点 \t:" + (status[i] == null ? "空闲" : status[i] + " 已预定"));
119                                }
120                                break;
121                            }
122                        } else {
123                            //当用户输入非数字会议室序号时,进入 else
124                            //消耗此次 else
125                            input.next();
126                            System.out.println("输入有误,请重新输入");
127                        }
128                    }
129                    break;
130                }
131                case 0: {
132                    break main;
133                }
```

```
134                    }
135               } else {
136                    // 当用户在主菜单输入非数字时,进入 else
137                    // 主动消耗主菜单此次输入的非数字
138                    input.next();
139                    System.out.println("输入有误,请检查");
140               }
141          }
142          System.out.println("系统退出,再见!");
143     }
144 }
```

5.5 验收标准

本次任务的业务逻辑呈复杂趋势，需要读者仔细思考需求，耐心完成代码功能实现，同时通过结果测试进行验证。验收"三板斧"如下。

1）命名规范、注释合理。

2）检查程序代码是否可以按照任务说明正常运行。

3）完成学习笔记。

5.6 问题总结

数组常见错误有哪些？

当数组未赋值时会出现空指针异常（NullPointerException），当数组超出索引访问时会出现数组越界异常（ArrayIndexOutOfBoundsException）。读者可以试验如下代码片段。

```
1   String[] lines = null;
2   //System.out.println(lines[0]);        //NullPointerException
3   lines = new String[3];
4   System.out.println(lines[3]);          //ArrayIndexOutOfBoundsException
```

5.7　扩展阅读

5.7.1　二分法查找

　　二分法查找针对有序列表，每次都以列表中间位置的数来与待查找的关键字进行比较，每次缩小一半的查找范围，直到查找成功，或者要查找的关键字不存在。它是一种查询效率非常高的查找算法，又称折半查找。

　　Java 中实现二分法查找有多种方法，比如用递归。本次结合数组和循环完成算法实现，代码如下所示。

```
1    //循环实现二分法查找
2    public class Demo {
3        public static void main(String[] args) {
4            int[] nums = {10, 20, 30, 40, 50, 60, 70, 80, 90};
5            //要查找的数据
6            int num = 20;
7            //关键的三个变量:
8            //1.最小范围索引
9            int minIndex = 0;
10           //2.最大范围索引
11           int maxIndex = nums.length - 1;
12           //3.中间数据索引
13           int centerIndex = (minIndex + maxIndex) /2;
14           while (true) {
15               System.out.println("循环了一次");  //测试
16               if (nums[centerIndex] > num) {
17                 //中间数据较大
18                   maxIndex = centerIndex - 1;
19               } else if (nums[centerIndex] < num) {
20                 //中间数据较小
21                   minIndex = centerIndex + 1;
22               } else {
23                   //找到了数据,数据位置:centerIndex
```

```
24              break;
25          }
26          if (minIndex > maxIndex) {
27              centerIndex = -1;
28              break;
29          }
30          //当边界发生变化时需要更新中间索引
31          centerIndex = (minIndex + maxIndex) /2;
32      }
33      System.out.println("位置:" + centerIndex);
34   }
35 }
```

5.7.2 杨辉三角

杨辉三角（见图5-16）是中国南宋数学家杨辉1261年所著的《详解九章算法》一书中出现的。在欧洲，帕斯卡在1654年发现了这一规律，所以又叫作帕斯卡三角形。

```
1
1   1
1   2   1
1   3   3   1
1   4   6   4   1
1   5   10  10  5   1
1   6   15  20  15  6   1
1   7   21  35  35  21  7   1
1   8   28  56  70  56  28  8   1
1   9   36  84  126 126 84  36  9   1
```

●图5-16 杨辉三角

杨辉三角的规律：①第 n 行有 n 个数字；②每一行的开始和结尾数字都为 1，用二维数组表示就是"num[i][0]=1；num[i][j]=1"（当 i==j 时）；③除了收尾数，第 i 行第 j 列的值=上一行前一列的数+上一行该列的数，用二维数组表示就是 num[i][j] = num[i-1][j-1] + num[i-1][j]；

完整的实现代码如下。

```
1  //杨辉三角
2  public class Demo {
3      public static void main(String[] args) {
```

```
4            int[][] num = new int[10][];
5            //动态初始化数组
6            for (int i = 0; i < num.length; i++) {
7                num[i] = new int[i + 1];
8            }
9            //按照规律进行循环赋值
10           for (int i = 0; i < num.length; i++) {
11               for (int j = 0; j < num[i].length; j++) {
12                   if (j == 0 || i == j) {
13                       //前后赋值为1
14                       num[i][j] = 1;
15                   } else {
16                       //每一行第二列到第 j-1 列的值 = 上一行前一列的数 + 上一行该列的数
17                       num[i][j] = num[i - 1][j - 1] + num[i - 1][j];
18                   }
19               }
20           }
21           //格式输出
22           for (int i = 0; i < num.length; i++) {
23               for (int j = 0; j < num[i].length; j++) {
24                   System.out.print(num[i][j] + "\t");
25               }
26               System.out.println();
27           }
28       }
29   }
```

　　有了数组，可以处理多个类型相同的数据，能够完成的任务范围更加广泛了。但是数组也有局限性，比如一旦定义大小，长度变化就不灵活。异常处理这块难道也需要不断判断不同情况吗？有没有更加完备的方法？生活中具体的数据类型更加多样化，不是目前学习的几个简单类型就能覆盖的。如何进一步扩展程序功能呢？带着这些问题，一起挑战接下来的任务吧！

扫一扫观看串讲视频

任务 *6*

实现小区快递管理

不积跬步，无以至千里。

—— 荀子《劝学篇》

6.1　任务描述

新冠肺炎疫情期间，应尽量减少人员接触。而快递员在小区上门送快递时，不可避免地会产生人员接触，为了解决这个问题，很多小区采用了快递柜来降低感染风险。

快递柜内置了一套快递管理程序，读者作为准 Java 程序员，也可以通过自身所学来做出一套快递管理程序。本次任务，需要根据任务线索完成基于面向对象的快递管理功能。

程序运行效果如图 6-1 所示。

```
欢迎使用小区快递管理系统
请根据提示，输入功能序号：
1. 快递录入
2. 快递取出
3. 查看所有
0. 退出程序
1
请根据提示进行快递录入：
请输入快递公司：
顺丰快递
请输入快递单号：
100020200402
请输入收件人手机号码：
139****2637
快递录入成功，取件码：245429
请根据提示，输入功能序号：
1. 快递录入
2. 快递取出
3. 查看所有
0. 退出程序
3
快递信息如下：
快递公司：顺丰快递，快递单号：100020200402,收件人手机号码：139****2637，取件码：245429
快递信息显示完毕，即将回到主页
请根据提示，输入功能序号：
1. 快递录入
2. 快递取出
3. 查看所有
0. 退出程序
2
请输入您的六位数字取件码：
245429
取件成功：
快递公司：顺丰快递，快递单号：100020200402,收件人手机号码：139****2637，取件码：245429
```

● 图 6-1　运行效果

6.2　目标

● 理解面向对象思想。

- 了解类与对象的关系。
- 掌握类的定义格式。
- 掌握成员属性与成员方法。
- 掌握对象创建与使用。
- 掌握包。
- 掌握封装。
- 掌握 this 关键字。
- 掌握构造方法。
- 掌握 JavaBean 标准。
- 掌握异常处理。
- 了解包装类。
- 掌握 ArrayList<T>容器。
- 编写出快递管理程序。

6.3　任务线索

本任务通过主流的面向对象方法来实现。通过面向对象编码实现，会让整个系统可扩展、可维护、可复用、灵活性好。与之前在 main 方法中实现业务功能不同，使用面向对象方法将是设计层面的升级。从单兵作战转为集团化作战，能够处理更加复杂的业务。

6.3.1　面向对象概述

面向对象（Object Oriented）是相对面向过程（Procedure Oriented）来说的，它们都是软件开发的一种方式。

在早期进行程序开发时，程序员使用的是面向过程（比如本书之前的任务实现方式）的开发方式，面向过程是关注流程的，每解决一个程序问题，都需要程序员一步一步地分析，然后再一步一步地实现。随着时代的发展，程序开发遇到的问题也变得越来越复杂，面对这些复杂问题，一个程序员如果使用面向过程的方式进行软件开发，会出现代码难以复用，不易维护、不易扩展的问题。

面对复杂应用，面向对象是一种较好的开发方式。它是对现实世界的模拟，世间万物皆是对象。程序员把一系列有关联的数据和对数据操作的方法组织为一个对象来看待，这是更贴近生活的程序开发模式。面向对象编程能更好地解决复杂问题。

面向对象有三大特征：封装、继承、多态。本书更多围绕封装进行阐述。

6.3.2 类与对象的关系

类描述的是一类事物的共性部分，是一类事物的综合特征。而对象，是根据类所描述的综合特征产生的个性产物，是事物个性的体现。

为了加深理解，可以结合生活中的图纸与实物来对比。例如，可以将汽车图样看作汽车类，将根据汽车图样制造的汽车看成汽车对象。在这个案例中，汽车图样描述的是所有具体汽车都具备的综合特征，而相同图样制造的汽车也会拥有自己不同的部分，比如：属于不同的主人、拥有不同的颜色、不同的用途等。

6.3.3 类的定义

接下来趁热打铁，开始学习怎样在 Java 代码中描述类。

类定义写在".java"文件中，定义的语法如下。

```
1    class 类名{
2           //这里是类中的成员
3    }
```

看到上述的格式，应该会感觉很熟悉吧？没错，其实本书之前任务的代码都是定义在类里的，图 6-2 所示就是本书的第一个 Java 程序。

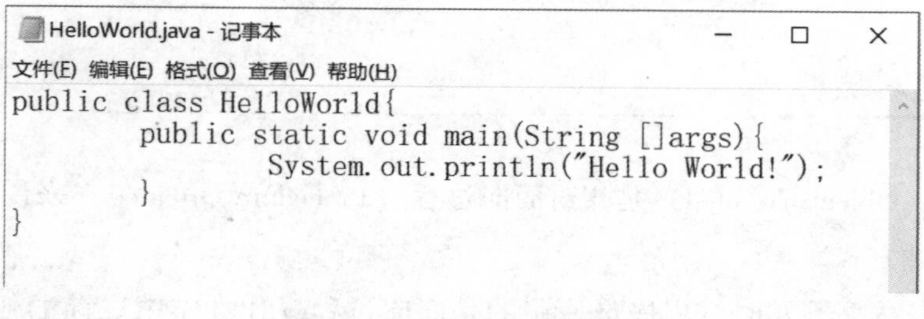

●图6-2　本书的第一个程序

类的命名规则遵循标识符的命名规则，命名规范应采用大写驼峰命名法，即每个单词的首字母都大写，比如："HelloWorld""UserManager"等。

6.3.4 类的成员——属性

在类中，可以通过成员变量来描述类的属性。例如：描述一个汽车类 Car，汽车拥有颜色 color 和价格 price 属性。

```
1    class Car{
2        //颜色
3        String color;
4        //价格
5        double price;
6    }
```

成员变量在使用时存在默认值，如图6-3所示。

数据类型	详细分类	默认值
基本数据类型	整数（byte，short，int，long）	0
	浮点数（float，double）	0.0
	字符（char）	'\u0000'
	布尔（boolean）	false
引用类型	数组，类，接口	null

●图6-3　成员变量的默认值

6.3.5　类的成员——方法

在类中，可以通过方法来描述类的功能。Java中的方法是语句的集合，用于将多个语句放在一起作为一个功能一起执行。方法可以显著提高代码的复用性和维护性。方法的定义格式如下。

```
1    返回值类型 方法名称(形式参数列表){
2        //方法体:方法被调用时执行的代码
3        return 返回值;
4    }
```

关于方法，有很多需要理解的名词，接下来一一描述。

1）返回值：方法执行完毕可以返回结果给调用者，返回值指的是方法体内向方法体外返回的数据内容，通过return关键字完成。方法一旦执行return语句，就立即结束。返回值类型为void时，可以不包含return语句。

2）返回值类型：指返回值的数据类型，必须在方法定义时提前声明，可以是基本数据类型，也可以是引用数据类型。关于Java数据类型可以在任务2图2-11中进行回顾。如果一个方法没有返回值，可以在返回值类型位置写一个void，表示无返回值。

3）方法名称：就是方法的名字。需要给不同的方法赋予不同的名称，便于后续调用时通过名称区分。方法的命名规则与变量命名规则一致。

4）形式参数列表：定义方法时，可以声明方法执行时所需的外部参数。因为参数可以是多个，所以称其为参数列表。又因为定义时还没有被调用，所以算是形式上的参数列表，而在后续调用时，实际传递的参数数据列表为实际参数列表。参数格式为："数据类型 名称"。参数列表中的多个参数使用英文逗号隔开。

5）方法体：是方法中包含的多条程序语句，在方法被调用时会自上而下执行。需要注意的是，方法体中的语句可以使用成员变量。

当前类中的方法使用：

```
1
2      方法名称(实际参数列表);
3
```

其他类中的方法使用需要借助对象（对象的创建在6.3.6节说明）。之前用到的"main"方法是一个特殊方法，作为程序入口存在，同时具备了方法定义格式的通用内容。

需要注意：类中的多个属性或者方法定义在结构上都是并列关系。

6.3.6 对象的创建与使用

学习了类，接下来就可以根据类创建对象了。对象的创建格式如下。

```
1
2      类名 对象名 = new 类名();
3
```

看到上述格式，应该会联想到之前学习过的变量。其实对象也是变量的一种，对象是引用数据类型变量。

对象创建完毕，就可以操作对象的属性和方法了，操作格式如下。

```
1    //属性赋值:
2    对象名.成员变量名称 = 值;
3    //属性取值:
4    对象名.成员变量名称
5    //使用方法:
6    对象名.方法名(实际参数列表);
```

接下来一起完整编写一个拥有颜色（color）和价格（price）属性，并包含加速功能

（speedUp）的汽车类（Car）。首先是定义类。

```
1   class Car {
2       //颜色
3       String color;
4       //价格
5       double price;
6       //加速的方法
7       void speedUp() {
8           System.out.println("售价"+price+"的"+color+"汽车正在加速");
9       }
10  }
```

定义类结束后，编写一个入口程序来"制造"一个汽车（对象），并使用。

```
1   public class Demo {
2       public static void main(String[] args) {
3           //制造一个汽车对象,命名为 car1
4           Car car1 = new Car();
5           //给 car1 汽车设置颜色为红色
6           car1.color = "红色";
7           //给 car1 汽车设置价格为 199999.00
8           car1.price = 199999.00;
9           //调用 car1 汽车的加速方法
10          car1.speedUp();
11      }
12  }
```

程序的执行结果如图 6-4 所示。

售价**199999.0**的红色汽车正在加速

Process finished with exit code 0

●图 6-4　汽车类的使用

6.3.7　包

包是 Java 语言提供的一种组织代码文件和管理代码文件的技术，可以将其理解为管理代码的"文件夹"。为什么需要包呢？

第一种情况：当已经创建一个 Demo 类后，发现还需要一个用于另一用途的 Demo 类。当再次创建时，如图 6-5 所示会提示文件已存在。而程序员将代码存储在不同的包里，就像存储在不同的文件夹中。重复的文件名称在不同的包中可以正常创建，不会再提示文件已经存在。

● 图 6-5 提示文件已经存在

第二种情况：随着互联网发展，企业项目越来越复杂，代码量也越来越大。Java 程序员在开发软件时，经常出现创建上百个类的情况。为了更好地管理和组织这些类，会按照功能或模块存放在不同文件夹下。此时使用包就能很好地解决这个问题。

IDEA 中创建包的方式为选择"src"→"New"→"Package"，输入包名后单击"OK"按钮。其过程如图 6-6 和图 6-7 所示。学习完包技术，后续写".java"文件时，应将代码文件按其功能存储在不同的包中。

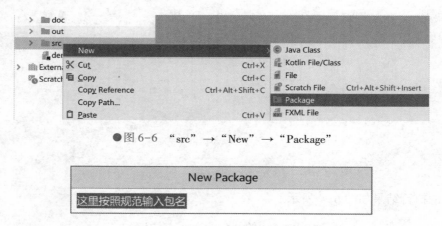

● 图 6-6 "src"→"New"→"Package"

● 图 6-7 输入包名

包的命名规则遵循标识符命名规则，同时包名有自己的命名规范：包名单词全部小写，如果有多个单词，单词之间使用英文点（.）分割，点分隔符之间有且仅有一个自然语义的英语单词。包名统一使用单数形式。包名不可以重复，因为互联网上的域名是不重复的，所以经常使用所在公司网络域名作为包的唯一前缀。例如："com. kaikeba. 项目名. 模块名"。

注意，如果想要跨包访问某个类的成员，则此类的成员需要使用权限修饰符"public"。Java 中默认的导入包是"java. lang"包，其中包含了"String"类、"System"类、"Math"

类等常用类。

6.3.8 方法定义和调用示例

大部分的业务逻辑都需要通过方法来实现。在此，通过具体案例加深对方法的理解。在"com. kaikeba. xinzhike"包中创建"Student"类，声明为"public"的类可以跨包访问，代码如下所示。

```
1    package com.kaikeba.xinzhike;
2    //学生类
3    public class Student {
4        public String name; //学员姓名
5    }
```

1. 无参数方法的定义和调用

在"Student"类中添加一个返回类型为"String"、没有参数的方法"introduce"，用于自我介绍，定义代码如下。

```
1    package com.kaikeba.xinzhike;
2    //学生类
3    public class Student {
4        public String name; //学员姓名
5        //自我介绍
6        public String introduce() {
7            return String.format("大家好,我是%s,很高兴认识大家!", name);
8        }
9    }
```

在"com. kaikeba. xinzhike"包下创建一个"Demo"类，用于存放"main"方法。在"main"方法中创建学生对象，调用"introduce"方法。因为该方法没有参数，因此直接用"对象名. 方法名( )"形式调用即可，代码如下。

```
1    package com.kaikeba.xinzhike;
2    public class Demo {
3        //程序入口
4        public static void main(String[] args) {
```

```
5           //创建对象
6           Student s1 = new Student();
7           s1.name = "张三丰";
8           //通过对象调用无参数方法
9           String str = s1.introduce();
10          System.out.println(str);
11      }
12  }
```

输出："大家好，我是张三丰，很高兴认识大家！"。

2. 有参数方法的定义和调用

在"Student"类中增加"add"方法，有两个整型的参数，定义时的参数 n1 和 n2 就叫作形参（形式参数，还没有具体值）。该方法用于计算两数之和，其关键代码如下。

```
1   public int add(int n1,int n2){
2       return  n1 + n2;
3   }
```

在"main"方法中调用代码的示例如下。5 和 3 是调用"add"方法时传入的，叫作实参（拥有实际值的参数）。

```
1   int result = s1.add(5,3);          //s1 是 Student 类型的对象
2   System.out.println(result);        //输出 8
```

需要注意的是，在调用方法时，传入的实参类型需要与形参类型匹配。

在一个类的内部普通方法之间可以相互通过方法名直接调用（因为在一个类内部，所以不需要再声明一个对象），注意匹配的参数及返回类型即可，代码如下所示。

```
1   package com.kaikeba.xinzhike;
2   //学生类
3   public class Student {
4       public String name;              //学员姓名
5       //自我介绍
6       public String introduce() {
7           int result = add(6,7);     //类内部调用(测试)
8           System.out.println("先做一个数学题,答案是:" + result);
9           return String.format("大家好,我是% s,很高兴认识大家!", name);
```

```
10        }
11        public int add(int n1,int n2){
12            return  n1 + n2;
13        }
14    }
```

通过一个产生随机数的功能代码来对方法调用进行总结。

随机在生活中有很多应用场景，比如彩票、猜拳等，其最核心的一个点是公平。在 Java 中有多个产生随机数的方法，在此采取"Random"类（位于"java. util"包中）中的 "nextInt"方法来实现。代码如下。

```
1    package com.kaikeba.xinzhike;
2    import java.util.Random;
3    public class Demo {
4        public static void main(String[] args) {
5            //声明随机数对象
6            Random random = new Random();
7            //获取 0~9(不包括 9)之间的随机数
8            int n = random.nextInt(9);
9            System.out.println(n);        //打印输出
10        }
11    }
```

"nextInt(n)"方法返回 0（包括）和指定值 n（不包括 n）之间的 int 值。通过这个功能读者可以自己完成一个猜拳游戏，用字符串数组将"石头""剪刀""布"进行存储，使用随机数产生 0、1、2 三个整数，按照游戏规则进行判断和处理即可。

3. 方法递归调用

方法内部调用本方法称为方法的递归。以计算阶乘（n! = 1 * 2 * 3 * … * n）为例，实现代码如下。

```
1    //计算阶乘
2    public int factorial(int n) {
3        return n == 1 ?1 : n * factorial((n - 1));
4    }
```

在使用递归时需要注意当符合某个条件时应有明确的返回值，否则容易无限调用导致问题。在上述代码中当 n 等于 1 的时候返回 1，其他情况下调用 n * (n - 1)。阶乘的问题也可以用循环来解决，有兴趣的读者可以尝试。

6.3.9 系统定义方法及 static 方法

在以往的任务完成过程中使用了大量系统提供的方法来实现业务功能。以"String"类中的"length"方法为例，系统中定义的原型如下。

```
1    public int length()
```

这是一个没有参数、返回一个整型、表示字符串长度的方法，可以直接使用字符串对象进行方法调用，代码如下所示。

```
1    String s = "abcd";
2    System.out.println(s.length());       //输出4
```

注意：

字符串求长度用"length"方法，数组中获得长度用"length"属性。

同样，字符串中"split"方法的定义原型如下。

```
1    public String[] split(String regex)
```

它能够返回按照指定字符串标记（regex）拆分的字符串数组。调用代码片段如下。

```
1    String s = "姓名:张三丰,年龄:19,成绩:100 分";
2    String [] arr = s.split(",");                //以逗号分隔为若干数组
3    System.out.println(arr[0]);                 //姓名:张三丰
4    System.out.println(arr[1]);                 //年龄:19
5    System.out.println(arr[2]);                 //成绩:100 分
```

系统中有一些方法用"static"关键字进行了限定，在调用时可以直接通过类名。"Math"类中的"ceil"和"floor"方法在系统中定义如下。

```
1    public static double ceil (double a)
2    public static double floor (double a)
```

"ceil"方法的作用是返回大于或等于参数且等于数学整数的最小值。"floor"方法的作用是返回小于或等于参数且等于数学整数的最大值。使用如下代码片段可以加深对这两个方法的理解。

```
1    double num = 78.3;
2    double result = Math.ceil(num);
3    System.out.println(result);        //输出 79.0
4    result = Math.floor(num);
5    System.out.println(result);        //输出 78.0
```

在自定义方法时，也可以用"static"进行修饰，将普通方法改为静态方法。在调用时可以直接用"类名.静态方法名()"完成。一般将工具类等需要跨业务模块使用的功能写为静态方法。关于普通方法和静态方法在内存中的存储区别本书不做讨论，有兴趣的读者可以参考其他资料。以下代码定义了一个"Tools"类以及静态方法"getFormatNow"。

```
1    package com.kaikeba.xinzhike;
2
3    import java.text.SimpleDateFormat;
4    import java.util.Date;
5
6    public class Tools {
7        /* *
8         * 按照年月日格式返回当前日期
9         * @return String
10        * /
11       public  static String getFormatNow() {
12           SimpleDateFormat df = new SimpleDateFormat("yyyy 年 MM 月 dd 日");
                                              //设置日期格式
13           return df.format(new Date()); //new Date()为获取当前系统时间
14       }
15   }
```

以上代码中"SimpleDateFormat"类存在于"java.text"包中，用于格式化日期类型。"Date"类在"java.util"包中，通过创建对象（new Date()）可以获得当前系统时间信息。主方法调用代码如下。

```
1    package com.kaikeba.xinzhike;
2    public class Demo {
3        //程序入口
4        public static void main(String[] args) {
5            String date = Tools.getFormatNow();        //调用
6            System.out.println(date);                  //输出当前日期
```

```
7        }
8    }
```

6.3.10 封装

现实世界中一些事物的属性是不能被别的事物随意接触的。比如：小明同学的钱包会被小明保管起来，禁止陌生人接触。这可以理解为一种"封装"。也可以将 Java 程序中的封装理解为一个保护屏障，作用是防止某一个数据被其他数据随意访问。从另一个角度也可以理解为一种生活化的代码组织形式。在编写程序代码时，首先考虑哪些数据可以封装为一个单位，将属性和方法确定后统一协调使用，大大优化模块间的相互作用。在使用面向对象进行开发时，首先考虑可以抽象出哪些类，然后再考虑业务功能在哪个方法中实现。思考问题的角度需要发生变化。

在 Java 中有"private"（私有的）、"public"（公开的）、"protected"（受保护的）等权限修饰符，都可以用于修饰类的成员。被"private"修饰的成员只能在本类中访问；"protected"与继承有关，本书不进行说明；"public"修饰的成员数据或方法对外部可见。

为了理解封装，请观察如下代码。

```
1    /**
2     * 描述人的类 Person
3     */
4    class Person {
5        //姓名
6        String name;
7        //年龄
8        int age;
9        //说话的功能方法
10       void say() {
11           System.out.println("我是" + name + ",我今年" + age+"岁了");
12       }
13   }
```

上述代码将"Person"封装为一个整体。在主方法中调用会存在什么问题呢？

```
1    /**
2     * 程序入口类
3     */
```

```
4    public class Demo {
5        public static void main(String args[]) {
6            //创建人的对象,并将对象命名为p
7            Person p = new Person();
8            //设置对象p的姓名为小明
9            p.name = "小明";
10           //设置对象p的年龄为-999
11           p.age = -999;
12           //调用对象p的说话方法
13           p.say();
14       }
15   }
```

程序运行结果如图 6-8 所示。

我是小明，我今年-999岁了

Process finished with exit code 0

●图 6-8 封装示例程序的运行结果

观察程序会发现运行结果出现了问题，小明年龄-999 岁是不合理的。

针对上述的问题，程序员就可以选择将"Person"的"age"属性（年龄）用访问修饰符保护起来，这样外部就无法访问年龄属性了。然后"Person"类再向外部提供一些对数据有验证和限制的方法，让外部程序可以更合理地间接操作年龄等数据，问题就解决了。

改进后的代码如下（"Person"类）。

```
1    package com.kaikeba.xinzhike;
2
3    class Person {
4        //姓名
5        String name;
6        //年龄
7        private int age;
8        public void setAge(int age2) {
9            if (age2 < 0 || age2 > 150) {
10               age = 1;
11               System.out.println("age 设置不合理,已自动修正为默认值 1");
12           } else {
13               age = age2;
```

```
14              }
15          }
16          //说话的功能方法
17          void say() {
18              System.out.println("我是" + name + ",我今年" + age + "岁了");
19          }
20      }
```

主方法中的测试代码如下。

```
1      //创建人的对象,并给对象命名为p
2      Person p = new Person();
3      //设置对象p的姓名为小明
4      p.name = "小明";
5      //p.age = -999;//p.age的方式无法使用,提示错误信息:age has private access in
"Person"
6      //设置对象p的年龄为-999
7      p.setAge(-999);
8      //调用对象p的说话方法
9      p.say();
```

此时程序的运行结果如图6-9所示。

age设置不合理，已自动修正为默认值1
我是小明，我今年1岁了

Process finished with exit code 0

●图6-9 年龄负值问题得到解决

6.3.11 this 关键字

观察如下所示的代码。

```
1      public class Person {
2          private String age;
3          public void setAge(int age) {
4              age = age;
5          }
6      }
```

"setAge" 方法体中有两个作用域不同的 "age" 变量，分别是成员变量 "age"（即属性）和方法参数 "age"。在方法体中进行 "age" 操作时，操作的是方法参数 "age" 变量，相当于在拿参数 "age" 的值给参数 "age" 赋值，这种操作是没有意义的，也不会更改成员变量 "age" 的值。

解决上述问题很简单，可以在方法中使用 "this" 来表示当前对象，调用当前对象的成员。当前对象指的是当前执行方法的对象，"this" 就代表执行此方法的对象。

修改后的代码如下。

```
1    public class Person {
2        private String age;
3        public void setAge(int age) {
4            this.age = age;
5        }
6    }
```

6.3.12   构造方法

构造方法的作用如其名，在一个对象被创建时，构造方法用来构造对象，并给对象的成员变量（属性）进行赋值。

注意，Java 为了保证程序中每一个类都可以被构造，当不定义构造方法时，Java 会自动为类提供一个无参构造方法。反之，一旦定义了构造方法，Java 就不再自动提供无参构造方法。

构造方法的格式与普通方法很像，区别在于构造方法的方法名称与类的名称完全相同，且构造方法无返回值的声明。格式如下。

```
1    修饰符 类名(参数列表){
2        //方法体
3    }
```

见如下代码示例。

```
1    package com.kaikeba.bean;
2    classPerson {
3        private String name;
4        private int age;
5        public Person(String name,int age){
```

```
6          this.name = name;
7          this.age = age;
8      }
9   }
```

通过以上代码，会发现"Person"类的构造方法为成员变量"name"和"age"进行了赋值，这其实也是选择自定义构造方法的一个主要原因，它可以在构建对象的同时为对象的属性赋值，节省了创建对象后为大量属性赋值的代码。构造方法也可以写多个，叫作构造方法的重载，执行符合方法参数匹配的构造方法。

```
1   package com.kaikeba.bean;
2   class Person {
3       private String name;
4       private int age;
5       public Person(String name,int age){
6           this.name = name;
7           this.age = age;
8       }
9       public Person(String name){
10          this.name = name;
11      }
12  }
```

6.3.13　JavaBean 标准

JavaBean 是 Java 编写类的一种规范。符合此规范的类必须是"public"修饰的，拥有无参构造方法，所有成员变量均为"private"修饰，为所有成员变量提供"get""set"方法。接下来以图书（Book）类为例，来演示 JavaBean 标准。

```
1   package com.kaikeba.bean;
2   public class Book {
3       //编号
4       private int id;
5       //书名
6       private String name;
7       //图书信息
```

```
8        private String info;
9        //无参构造方法
10   public Book() {
11       }
12       //获取编号
13       public int getId() {
14           return id;
15       }
16       //设置编号
17       public void setId(int id) {
18           this.id = id;
19       }
20       //获取书名
21       public String getName() {
22           return name;
23       }
24       //设置书名
25       public void setName(String name) {
26           this.name = name;
27       }
28       //获取图书信息
29       public String getInfo() {
30           return info;
31       }
32       //设置图书信息
33       public void setInfo(String info) {
34           this.info = info;
35       }
36   }
```

6.3.14 异常处理

异常处理的含义很好理解，就是对程序不正常情况的处理。Java 中所谓的不正常其实就是程序在执行时导致 JVM 终止的特殊情况。

在 Java 中异常是用类来表示的。Java 通过类的继承来组织异常类结构。当程序产生异常时，就会自动创建一个匹配异常类的对象，并将此对象抛给开发者进行处理。

异常类结构图如图 6-10 所示，"Throwable"是异常类型中范围最大的类，其下分为错误"Error"和异常"Exception"。其中，"Error"是程序无法处理只能避免的，而"Exception"就是本节要学习的内容。异常又分为受检查异常和运行时异常。

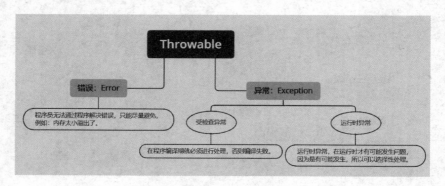

●图 6-10　异常类结构图

受检查异常指的是在代码运行之前，在编译阶段就会被检查出的异常情况，受检查异常必须进行处理，否则程序会编译失败。常见的受检查异常类型可浏览扩展阅读部分。

运行时异常（又称为"非受检查异常"）指在运行时有可能遇到的异常情况，因为只是有可能发生，所以程序员可以选择处理或不处理。常见的运行时异常类型可浏览扩展阅读部分。

常用的异常处理格式如下：

```
try{
    //这里是可能会出现异常的代码
    //当异常发生后,异常对象会被捕获,并自动跳入 catch 块执行
}catch(异常类型  e){
    //异常发生时,处理异常的代码
    //catch 块可以并列编写多个,用于 try 块发生的不同种类异常
}finally{
    //finally 块可以忽略不写
    //在 try 或 catch 后执行,无论是否发生异常,finally 块都必然执行
}
```

了解了异常处理格式，趁热打铁随笔者一起处理一个异常情况吧。下面代码的运行结果如图 6-11 所示，出现了异常。

```
1    package com.kaikeba.xinzhike;
2    import java.util.Scanner;
3    public class Demo {
4        public static void main(String args[]) {
```

```
5          Scanner input = new Scanner(System.in);
6          System.out.println("欢迎使用除法计算工具");
7          System.out.println("请输入被除数");
8          int x = input.nextInt();
9          System.out.println("请输入除数");
10         int y = input.nextInt();
11         int z = x/y;
12         System.out.println("运算完毕,结果正在输出中");
13         System.out.println("运算结果:"+z);
14         System.out.println("程序正常结束");
15     }
16  }
```

```
欢迎使用除法计算工具
请输入被除数
10
请输入除数
0
Exception in thread "main" java.lang.ArithmeticException: / by zero
    at com.kaikeba.xinzhike.Demo.main(Demo.java:11)
```

●图 6-11   程序异常终止

当用户输入除数 0 时，出现了异常提示："异常类型为：算术异常，异常信息为：除数不能为零"。异常发生的代码位置为："Demo.java"文件的第 11 行。

需要注意的是，第 11 行发生异常后，第 14 行的"程序正常结束"并没有输出，说明程序在第 11 行就终止了。

通过异常处理结构优化的代码片段如下。

```
1   Scanner input = new Scanner(System.in);
2   System.out.println("欢迎使用除法计算工具");
3   System.out.println("请输入被除数");
4   int x = input.nextInt();
5   System.out.println("请输入除数");
6   int y = input.nextInt();
7   int z = 0;
8   try {
9      z = x /y;
10     System.out.println("运算完毕,结果正在输出中");
11     System.out.println("运算结果:"+z);
```

137

```
12      }catch(ArithmeticException e){
13          System.out.println("用户输入的除数为 0 异常已处理,程序可继续执行");
14      }
15  System.out.println("程序正常结束");
```

当用户再次输入除数 0 时，运行效果如图 6-12 所示。

```
欢迎使用除法计算工具
请输入被除数
10
请输入除数
0
用户输入的除数为0。异常已处理，程序可继续执行
程序正常结束

Process finished with exit code 0
```

●图 6-12　异常处理后，程序可以正常结束

一段程序代码可能存在多种不同的异常问题，例如上述代码中，当用户输入"abc"时，运行结果如图 6-13 所示，出现了异常提示："异常类型为：输入不匹配，异常发生代码位置为：Demo. java 文件的第 8 行"。

```
欢迎使用除法计算工具
请输入被除数
abc
Exception in thread "main" java.util.InputMismatchException
    at java.base/java.util.Scanner.throwFor(Scanner.java:939)
    at java.base/java.util.Scanner.next(Scanner.java:1594)
    at java.base/java.util.Scanner.nextInt(Scanner.java:2258)
    at java.base/java.util.Scanner.nextInt(Scanner.java:2212)
    at com.kaikeba.xinzhike.Demo.main(Demo.java:8)

Process finished with exit code 1
```

●图 6-13　程序发生的第二个问题

"try"块中的代码可能发生多种不同的异常，当"catch"块中异常类型与发生的异常不匹配时，就会出现异常无法捕获、程序中断的情况。这种情况的处理方案也有很多，在这里列举出三种常见的处理方案。

方案一：如下代码片段中，多添加一个"catch"块可以解决问题。

```
1   public class Demo {
2       public static void main(String args[]) {
3           Scanner input = new Scanner(System.in);
```

```
4              System.out.println("欢迎使用除法计算工具");
5              int z = 0;
6              try {
7                  System.out.println("请输入被除数");
8                  int x = input.nextInt();
9                  System.out.println("请输入除数");
10                 int y = input.nextInt();
11                 z = x /y;
12                 System.out.println("运算完毕,结果正在输出中");
13                 System.out.println("运算结果:"+z);
14             }catch(ArithmeticException e){
15                 System.out.println("用户输入的除数为0异常已处理,程序可继续执行");
16             }catch(InputMismatchException e){
17                 System.out.println("用户输入了错误的参数类型,异常已处理,程序可继续
执行");
18             }
19             System.out.println("程序正常结束");
20         }
21     }
```

程序运行结果如图 6-14 所示。注意 "InputMismatchException" 位于 "java. util" 包中。

```
欢迎使用除法计算工具
请输入被除数
abc
用户输入了错误的参数类型，异常已处理，程序可继续执行
程序正常结束

Process finished with exit code 0
```

●图 6-14　程序发生多异常的第一个解决方案运行结果

方案二：如下述代码，将两种异常类型统一到一个 "catch" 块中处理。

```
1    public class Demo {
2        public static void main(String args[]) {
3            Scanner input = new Scanner(System.in);
4            System.out.println("欢迎使用除法计算工具");
5            int z = 0;
6            try {
7                System.out.println("请输入被除数");
```

```
8              int x = input.nextInt();
9              System.out.println("请输入除数");
10             int y = input.nextInt();
11             z = x /y;
12             System.out.println("运算完毕,结果正在输出中");
13             System.out.println("运算结果:"+z);
14         }catch(ArithmeticException|InputMismatchException e){
15             System.out.println("用户输入的数据有问题.异常已处理,程序可继续执
行");
16         }
17         System.out.println("程序正常结束");
18     }
19 }
```

上述程序运行结果如图 6-15 所示。

欢迎使用除法计算工具
请输入被除数
abc
用户输入的数据有问题。异常已处理，程序可继续执行
程序正常结束

Process finished with exit code 0

●图 6-15　程序发生多异常的第二个解决方案运行结果

方案三：如下代码，将异常捕获类型放大到包含这两种异常信息的范围。

```
1  public class Demo {
2      public static void main(String args[]) {
3          Scanner input = new Scanner(System.in);
4          System.out.println("欢迎使用除法计算工具");
5          int z = 0;
6          try {
7              System.out.println("请输入被除数");
8              int x = input.nextInt();
9              System.out.println("请输入除数");
10             int y = input.nextInt();
11             z = x /y;
12             System.out.println("运算完毕,结果正在输出中");
13             System.out.println("运算结果:"+z);
```

```
14          }catch(Exception e){
15              System.out.println("产生了异常,已处理.程序可继续执行");
16          }
17          System.out.println("程序正常结束");
18      }
19  }
```

上述程序运行结果如图 6-16 所示。

欢迎使用除法计算工具
请输入被除数
abc
产生了异常，已处理。程序可继续执行
程序正常结束

Process finished with exit code 0

●图 6-16　程序发生多异常的第三个解决方案运行结果

6.3.15　Java 中的包装类

Java 定位于面向对象语言，但是所提供的原始数据类型不是面向对象的。因此，提供了针对原始数据类型的包装类，方便用对象的形式进行数据管理。基本数据类型和包装类的关系如图 6-17 所示。

基本数据类型		包装类
byte	→	Byte
short	→	Short
int	→	Integer
long	→	Long
float	→	Float
double	→	Double
char	→	Character
boolean	→	Boolean

●图 6-17　原始数据类型和包装类的对应关系

利用包装类的相关方法可以快速完成相关类型之间的转换。如下代码片段展示包装类之间的部分替换用法。

```
1    Integer n1 = 83;      //自动将基本数据类型的 83 转换为包装类 (也称装箱)
2    String str = "90";    //字符串类型
3    //从 Integer 类型转到 int 类型 (拆箱)
4    int n2 = n1.intValue();
5    //从字符串类型转换为 Integer 类型 (字符串中是整数结构)
6    Integer n3 = Integer.valueOf(str);
7    //从字符串类型转换为 int 类型 (字符串中是整数结构)
8    int n4 = Integer.parseInt(str);
9    System.out.format("n1:% d,n2:% d,n3:% d,n4:% d",n1,n2,n3,n4);
```

6.3.16　泛型集合 ArrayList<T>

本次任务涉及很多动态数据的管理。数组结构相对来讲已经不能很好地满足要求，在此介绍一个新的数据结构 ArrayList<T>，它是 Java 集合框架体系中很重要的组成部分。本书对整个集合框架体系及泛型不进行展开，仅仅对 ArrayList<T>的使用方式进行说明，以便于在任务中使用。

可以把 ArrayList<T>理解为能够动态扩容的数组结构，在尖括号中指定了什么类型，存储的就是什么类型。语法结构如下。

```
ArrayList<数据类型> 容器名称 = new ArrayList<数据类型>();
```

下列代码演示了针对 ArrayList<T>这个容器的增删改查功能。

```
1    package com.kaikeba.xinzhike;
2    import java.util.ArrayList;
3    public class Demo {
4        public static void main(String[] args) {
5            //创建泛型集合对象
6            ArrayList<Integer> list = new ArrayList<Integer>();
7            //增加元素
8            list.add(55);
9            list.add(23);
10           list.add(99);
11           //循环输出
12           for(int i = 0;i<list.size();i++){
13               System.out.println(list.get(i));
14           }
```

```
15          //修改第一个元素为100
16          list.set(0,100);
17          //删除第二个元素
18          list.remove(1);
19          System.out.println("----------");
20          //循环输出
21          for(int i = 0;i<list.size();i++){
22              System.out.println(list.get(i));
23          }
24      }
25  }
```

输出结果如图 6-18 所示。使用 "add" 方法进行元素的添加，"get" 方法通过索引获取元素内容，"size" 方法可以获得容器中元素的数量，"set" 方法可以修改指定索引位置上的值，"remove" 方法可以通过索引进行删除。把 "list" 当作一个数据的集散地，能够更加方便地进行管理。

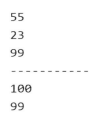

```
55
23
99
----------
100
99
```

●图 6-18　ArrayList<T>演示结果

在 ArrayList<T> 中 T 的位置可以是任意的引用类型，通过使用 ArrayList 中提供的方法进行数据的操作管理。下列代码演示了管理学生对象的操作，读者可以仔细体会泛型集合作为容器是如何运用的。

```
1   //学生类 Student.java
2   package com.kaikeba.xinzhike;
3   //学生类
4   public class Student {
5       private int no;          //学号
6       private String name;     //姓名
7       private double score;    //成绩
8       //构造方法
9       public Student(int no, String name, double score) {
10          this.no = no;
```

```
11          this.name = name;
12          this.score = score;
13      }
14
15      public String getName() {
16          return name;
17      }
18
19      public void setName(String name) {
20          this.name = name;
21      }
22      public int getNo() {
23          return no;
24      }
25
26      public void setNo(int no) {
27          this.no = no;
28      }
29
30      public double getScore() {
31          return score;
32      }
33
34      public void setScore(double score) {
35          this.score = score;
36      }
37  }
```

创建班级类（ClassInfo.java），在班级中有一个容器对象，通过初始化方法将三名同学存入容器，另外具备了显示所有学生列表的方法和返回所有学生集合的方法。

```
1   //班级类 ClassInfo.java
2   package com.kaikeba.xinzhike;
3
4   import java.util.ArrayList;
5   //班级类
6   public class ClassInfo {
7       //班级中存放所有学员的容器
```

```
8        private ArrayList<Student> stuList = new ArrayList<Student>();
9
10       //初始化学员信息到 stuList 集合中
11       public   void init(){
12           Student s1 = new Student(1001,"孙悟空",98);
13           Student s2 = new Student(1002,"猪八戒",88);
14           Student s3 = new Student(1003,"沙和尚",80);
15           //添加到集合
16           stuList.add(s1);
17           stuList.add(s2);
18           stuList.add(s3);
19       }
20
21       public ArrayList<Student> getAll(){
22           return stuList;
23       }
24
25       public void showListAll(){
26           System.out.println("---学员列表---");
27           System.out.println("学号\t\t姓名\t\t成绩");
28           for(int i = 0;i < stuList.size();i++){
29               //注意:stuList.get(i)返回一个 Student 对象,可以继续通过点(.)调用公
共方法
30               System.out.format("%d\t\t%s\t\t%.2f%n",
31                       stuList.get(i).getNo(),
32                       stuList.get(i).getNo(),
33                       stuList.get(i).getScore()
34                       );
35           }
36       }
37   }
```

创建 Demo 类在主方法中进行测试。

```
1    package com.kaikeba.xinzhike;
2
3    public class Demo {
4        //主方法
```

```
5        public static void main(String[] args) {
6            ClassInfo ci = new ClassInfo();          //创建班级对象
7            ci.init();                                //调用班级中的初始化方法
8            ci.showListAll();                         //显示所有学员
9            //修改班级中第二个学员(下标为1)的成绩为100分
10           ci.getAll().get(1).setScore(100);
11           System.out.println("---------------");
12           //输出查看
13           ci.showListAll();
14       }
15   }
```

输出结果如图 6-19 所示。

```
---学员列表---
学号          姓名          成绩
1001          1001          98.00
1002          1002          88.00
1003          1003          80.00
---------------
---学员列表---
学号          姓名          成绩
1001          1001          98.00
1002          1002          100.00
1003          1003          80.00

Process finished with exit code 0
```

●图 6-19　演示集合对象输出结果

6.4　任务实施

首先，请根据提供的线索学习和理解面向对象思想，了解类与对象之间的关系，掌握类的定义格式、成员变量（属性）与成员方法、对象创建与使用、包、封装、this 关键字、构造方法、JavaBean 标准和异常处理技术。

其次，根据所学技术，使用面向对象思想完成小区快递管理系统的设计。

最后，将整个学习过程中的思考和问题记录下来，形成笔记。

参考代码如下。

程序共包含四个包，程序目录如图 6-20 所示。

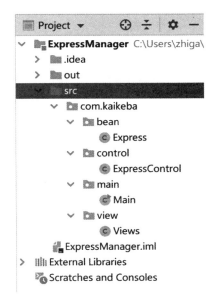

●图 6-20　程序目录

"com. kaikeba. bean" 包下的 "Express" 类代码如下。

```
1    package com.kaikeba.bean;
2
3    /* *
4     * 快递类.
5     * 每一个快递类的对象表示一个快递信息
6     * @author liweijie
7     */
8    public class Express {
9
10       //快递公司
11       private String company;
12       //快递单号码
13       private String number;
14       //收件人手机号码
15       private String phoneNumber;
16       //取件码
17       private int extractionCode;
18
19       public String getCompany() {
20           return company;
```

```
21              }
22
23          public void setCompany(String company) {
24              this.company = company;
25          }
26
27          public int getExtractionCode() {
28              return extractionCode;
29          }
30
31          public void setExtractionCode(int extractionCode) {
32              this.extractionCode = extractionCode;
33          }
34
35          public Express() {
36          }
37
38          public String getNumber() {
39              return number;
40          }
41
42          public void setNumber(String number) {
43              this.number = number;
44          }
45
46          public String getPhoneNumber() {
47              return phoneNumber;
48          }
49
50          public void setPhoneNumber(String phoneNumber) {
51              this.phoneNumber = phoneNumber;
52          }
53      }
```

"com. kaikeba. control" 包下的 "ExpressControl" 类代码如下。

```
1
2    package com.kaikeba.control;
```

```
3
4      import com.kaikeba.bean.Express;
5
6      import java.util.ArrayList;
7      import java.util.List;
8      import java.util.Random;
9      /* *
10         * 包含快递集合,用于集合中存储快递的控制类
11         * @author liweijie
12         * /
13      public classExpressControl {
14          privateArrayList<Express> data = new ArrayList<Express>();
15          private Random random = new Random();
16
17          /* *
18           * 存储快递
19           * @param e 快递参数
20           * @return 返回的是自动生成的六位取件码
21           * /
22          public voidaddExpress(Express e){
23              //随机生成100000~999999的数字作为取件码
24              int code;
25              p:while(true){
26                  code = random.nextInt(900000)+100000;
27                  for (int i=0;i<data.size();i++){
28                      if(code == data.get(i).getExtractionCode()){
29                          //随机生成的取件码重复时,重新生成
30                          continue p;
31                      }
32                  }
33                  break;
34              }
35              //设置取件码
36              e.setExtractionCode(code);
37              //将快递存储到集合中
38              data.add(e);
39              System.out.println("快递录入成功,取件码:"+code);
```

```
40              }
41
42          /* *
43           * 取出快递
44           * @param code 取件码
45           * @return 取出的快递信息
46          */
47          public Expressget Express(int code){
48              for(int i=0;i<data.size();i++){
49                  if(code == data.get(i).getExtractionCode()){
50                      //如果有，则取出并从集合中删除
51                      return data.remove(i);
52                  }
53              }
54              //如果没有,则返回空
55              return null;
56          }
57
58          public List<Express>findAll(){
59              return data;
60          }
61
62      }
```

"com. kaikeba. view" 包下的 "Views" 类代码如下。

```
1
2   package com.kaikeba.view;
3   import com.kaikeba.bean.Express;
4
5   import java.util.List;
6   import java.util.Random;
7   import java.util.Scanner;
6
9   /* *
10   * 视图类，用于与用户交互(显示视图和接收用户输入)
11   * @author liweijie
12   */
```

```
13    public class Views {
14        //接收用户输入的对象
15        private Scanner input = new Scanner(System.in);
16        //随机数对象,用于随机生成取件码
17        private Random random = new Random();
18
19        /**
20         * 欢迎界面
21         */
22        public void welcome(){
23            System.out.println("欢迎使用小区快递管理系统");
24        }
25        /**
26         * 再见界面
27         */
28        public void bye(){
29            System.out.println("程序即将关闭,再见 ~");
30        }
31
32        /**
33         * 主菜单界面
34         * @return 返回的是用户选择的序号
35         */
36        public intmainMenu(){
37            System.out.println("请根据提示,输入功能序号:");
38            System.out.println("1. 快递录入");
39            System.out.println("2. 快递取出");
40            System.out.println("3. 查看所有");
41            System.out.println("0. 退出程序");
42            int num = -1;
43            try {
44                num = input.nextInt();
45            }catch(Exception e){
46                //当发生异常时,表示第 42 行未执行成功,也就是说 num 还是默认值-1.
47                //值为-1 的 num 会进入下面的 if 语句,提示用户重新输入
48            }
49            if(num<0 || num>3){
```

```
50              // 当输入不合理时,重新输入
51              System.out.println("输入有误!请重新操作!");
52              returnmainMenu();
53          }
54          return num;
55      }
56
57      /**
58       * 录入快递权限验证界面
59       * @return 返回的是用户输入的权限密码
60       */
61      private booleaninputPassword(){
62          System.out.println("请输入权限密码:(输入错误回上层目录)");
63          String password = input.next();
64          // 内置密码"123456", 计算对比结果
65          boolean result = "123456".equals(password);
66          return result;
67      }
68
69      /**
70       * 录入快递界面
71       * @return 返回的是录入时输入的快递信息
72       */
73      public ExpressinMenu(){
74          System.out.println("请根据提示进行快递录入:");
75          System.out.println("请输入快递公司:");
76          String company = input.next();
77          System.out.println("请输入快递单号:");
78          StringexpressNumber = input.next();
79          System.out.println("请输入收件人手机号码:");
80          StringphoneNumber = input.next();
81          // 将输入的快递内容组装为一个快递对象
82          Express e = new Express();
83          e.setCompany(company);
84          e.setNumber(expressNumber);
85          e.setPhoneNumber(phoneNumber);
86          return e;
```

```
87              }
88
89          /* *
90           * 取件界面
91           * @return 返回的是用户输入的取件码
92           */
93          public intoutMenu(){
94              System.out.println("请输入您的六位数字取件码:");
95              int code = -1;
96              try {
97                  code = input.nextInt();
98              }catch(Exception e){
99                  //如果产生异常,则code是默认值-1.后续有判断是否<100000的处理
100             }
101             if(code<100000 || code>999999){
102                 System.out.println("输入有误!");
103                 returnoutMenu();
104             }
105             return code;
106         }
107
108         /* *
109          * 用于显示取件的快递信息
110          * @param e 用于显示的快递对象
111          */
112         public voidprintExpress(Express e){
113             if(e == null){
114                 System.out.println("取件码不存在.即将回到主界面");
115             }else{
116                 System.out.println("取件成功:");
117                 System.out.println("快递公司:"+e.getCompany()+",快递单号:"+
e.getNumber () +",收件人手机号码:" + e.getPhoneNumber () +",取件码:" + e-
.getExtractionCode());
118             }
119         }
120
121         /* *
```

```
122              * 用于显示所有快递的视图方法
123              * @param data
124              */
125            public voidprintAll(List<Express> data){
126                if(data.size() == 0){
127                    System.out.println("暂无快递,即将回到主页");
128                }else{
129                    System.out.println("快递信息如下:");
130                    for (int i=0;i<data.size();i++){
131                        Express e = data.get(i);
132                        System.out.println("快递公司:"+e.getCompany()+",快递单
号:"+e.getNumber()+",收件人手机号码:"+e.getPhoneNumber()+",取件码:"+e
.getExtractionCode());
133                    }
134                    //此时因为需要浏览输出的快递信息,所以等待任意键后再继续操作
135                    System.out.println("快递信息显示完毕,即将回到主页");
136                }
137            }
138        }
```

"com. kaikeba. main" 包下的 "Main" 类代码如下。

```
1
2    package com.kaikeba.main;
3
4  import com.kaikeba.bean.Express;
5  import com.kaikeba.control.ExpressControl;
6  import com.kaikeba.view.Views;
5
8  import java.util.List;
9  /* *
10     * 程序的入口类
11     * @author liweijie
12     */
13  public class Main {
14      public static void main(String[] args) {
15          //创建视图对象
16          Views view = new Views();
```

```
17              //创建功能对象
18              ExpressControl control = new ExpressControl();
19              //欢迎界面
20              view.welcome();
21              //循环执行主菜单和后续流程
22              m:while(true){
23                  //显示主菜单
24                  int menu = view.mainMenu();
25                  //根据用户选择的主菜单内容,进行相应操作
26                  switch (menu){
27                      case 0:
28                          //当用户输入"m"时,结束主流程循环
29                          break m;
30                      case 1:{
31                          //录入快递的视图
32                          Express express = view.inMenu();
33                          //将接收到用户输入的快递信息传递给 control 进行存储
34                          control.addExpress(express);
35                          break;
36                      }
37                      case 2:{
38                          //取出快递的视图,会提示用户输入取件码
39                          int extractionCode = view.outMenu();
40                          //根据用户输入的取件码从 control 中取出快递数据
41                          Express express = control.getExpress(extraction-
Code);
42                          //将取出的快递数据进行显示
43                          view.printExpress(express);
44                          break;
45                      }
46                      case 3:{
47                          //从 control 中取出所有快递
48                          List<Express> data = control.findAll();
49                          //将所有快递输出显示
50                          view.printAll(data);
51                          break;
52                      }
```

```
53                     }
54                 }
55                 //再见界面
56                 view.bye();
57             }
58         }
```

6.5   验收标准

1）检查小区快递管理程序是否采用了面向对象方式进行设计。

2）检查程序代码是否可以正常运行。

3）检查程序是否达到交付标准（包含完善的异常处理代码）。

4）检查程序代码规范。

5）学习笔记整理完成。

6.6   问题总结

1）类和对象的概念容易混淆。

思考方向：可以思考下生活中哪些物体是先画图纸，然后才制造的。思考完毕后，可以将图纸理解为类，然后将制造出的物体理解为对象。理解书中的这句话：类描述的是一类事物的共性部分，是一类事物的综合特征；而对象，是根据类所描述的综合体征产生的个性产物，是具体的存在。

2）给类命名时提示类名必须与文件名一致。

思考方向：一个".java"文件中可以编写多个类，但是只能有一个类使用"public"修饰。被"public"修饰的类的名称必须与文件名称一致。

3）当局部变量与全局变量重名时，给属性赋值无效。

思考方向：当通过变量名称操作变量时，如果局部和全局都存在此名称的变量，那默认访问的是局部变量，此时可以通过"this"来访问当前对象的全局变量。这种操作就像一个学校里A班和B班都有姓名为小明的同学。老师在A班点名时，点到小明，自然是A班的小明来答到。如果想点名B班的小明，那就必须在B班点名，或在点名时明确说明自己点的是B班的小明同学。

4）当方法的代码在"try"中遇到"return"关键字后，发现异常处理"finally"的代码依然会执行。

思考方向：无论是否发生异常，"finally"块都必然执行。注意看，这里有个"必然"。因为"finally"必然执行的特性，通常在这里进行一些资源的释放操作。

5）跨包访问对象中的属性或方法时失败。

思考方向：是因为访问权限修饰符的原因。如果想要跨包访问其他类中的属性和方法，则这些属性和方法必须通过"public"修饰。后续学习继承后，还有其他的权限修饰符可以跨包访问。

6.7 扩展阅读

以下内容来源于百度百科，目的在于让读者对面向对象的体系结构有一个认识和了解。对于拗口或者不理解的地方有一个印象即可，随着实战能力的提升，对理论抽象的理解也会越来越清晰。

6.7.1 OOA

面向对象分析（Object Oriented Analysis，OOA）是确定需求或者业务的角度，按照面向对象的思想来分析业务。例如，OOA只是对需求中描述的问题进行模块化的处理，描述问题的本质，区别每个问题的不同点、相同点，确定问题中的对象。OOA与结构化分析有较大的区别。OOA所强调的是在系统调查资料的基础上，针对OO方法所需素材进行的归类分析和整理，而不是对管理业务现状和方法的分析。

OOA的基本步骤：

第一步，确定对象和类。

第二步，确定结构（structure）。

第三步，确定主题（subject）。

第四步，确定属性（attribute）。

第五步，确定方法（method）。

6.7.2 OOD

面向对象设计（Object Oriented Design，OOD）主要作用是对OOA分析的结果做进一步的规范化整理，以便能够被OOP直接接受。

OOD的目标是管理程序内部各部分的相互依赖。为了达到这个目标，OOD要求将程序分成块，每个块的规模应该小到可以管理的程度，然后分别将各个块隐藏在接口（interface）的后面，让它们只通过接口相互交流。比如说，如果用 OOD 的方法来设计一个服务器-客户端（client-server）应用，那么服务器和客户端之间不应该有直接的依赖，而是应该让服务器的接口和客户端的接口相互依赖。

这种依赖关系的转换使得系统的各部分具有了可复用性。还是拿上面那个例子来说，客户端就不必依赖于特定的服务器，所以就可以复用到其他的环境下。如果要复用某一个程序块，只要实现必需的接口就行了。

OOD 是一种解决软件问题的设计范式（paradigm）。使用 OOD 这种设计范式，可以用对象（object）来表现问题领域（problem domain）的实体，每个对象都有相应的状态和行为。OOD 是一种抽象的范式。抽象可以分为很多层次，从非常概括的到非常特殊的都有，而对象可能处于任何一个抽象层次上。另外，彼此不同但又互有关联的对象可以共同构成抽象：只要这些对象之间有相似性，就可以把它们当成同一类的对象来处理。

6.7.3　OOP

面向对象程序设计（Object Oriented Programming，OOP）是一种计算机编程架构。OOP的一条基本原则是计算机程序由单个能够起到子程序作用的单元或对象组合而成。OOP 达到了软件工程的三个主要目标：重用性、灵活性和扩展性。OOP = 对象 + 类 + 继承 + 多态 + 消息，其中核心概念是类和对象。

OOP 是尽可能模拟人类的思维方式，使得软件的开发方法与过程尽可能接近人类认识世界、解决现实问题的方法和过程，也就是使得描述问题的问题空间与问题的解决方案空间在结构上尽可能一致，把客观世界中的实体抽象为问题域中的对象。

OOP 以对象为核心，该方法认为程序由一系列对象组成。类是对现实世界的抽象，包括表示静态属性的数据和对数据的操作，对象是类的实例化。对象间通过消息传递相互通信，来模拟现实世界中不同实体间的联系。在 OOP 中，对象是组成程序的基本模块。

它的特点有封装性、继承性、多态性。

（1）封装性

封装是指将一个计算机系统中的数据以及与这个数据相关的一切操作语言（即描述每一个对象的属性及其行为的程序代码）组装到一起，一并封装在一个有机的实体中，把它们封装在一个"模块"中，也就是一个类中，为软件结构的相关部件所具有的模块性提供良好的基础。在面向对象技术的相关原理以及程序语言中，封装的最基本单位是对象，而使得软件结构的相关部件实现"高内聚、低耦合"的"最佳状态"便是面向对象技术的封装性所需要实现的最基本的目标。对于用户来说，对象如何对各种行为进行操作、运行、实现等细节是不需要刨根问底了解清楚的，用户只需要通过封装外的通道对计算机进行相关的操作即可。这大大地简化了操作的步骤，使用户用起计算机来更加高效、得心应手。

（2）继承性

继承性是面向对象技术中的另外一个重要特点，其主要指的是两种或者两种以上的类之间的联系与区别。继承，顾名思义，是后者延续前者某些方面的特点，而在面向对象技术中则是指一个对象针对另一个对象的某些独有特点、能力进行复制或者延续。如果按照继承源进行划分，则可以分为单继承（一个对象仅仅从另外一个对象中继承其相应的特点）与多继承（一个对象可以同时从另外两个或者两个以上的对象中继承所需要的特点与能力，并且不会发生冲突等现象）；如果从继承中包含的内容进行划分，则继承可以分为四类，分别为取代继承（一个对象在继承另一个对象的能力与特点之后将父对象进行取代）、包含继承（一个对象在将另一个对象的能力与特点进行完全的继承之后，又继承了其他对象所包含的相应内容，结果导致这个对象所具有的能力与特点大于等于父对象，实现了对于父对象的包含）、受限继承、特化继承。Java中的继承使用"extends"关键字。

（3）多态性

从宏观的角度来讲，多态性是指在面向对象技术中，当不同的多个对象同时接收到一个完全相同的消息之后，所表现出来的动作是各不相同的，具有多种形态；从微观的角度来讲，多态性是指在一组对象的一个类中，面向对象技术可以使用相同的调用方式来对相同的函数名进行调用，即便这若干个具有相同函数名的函数所表示的函数是不同的。

6.7.4　MVC

MVC全名是"Model View Controller"，是模型（Model）-视图（View）-控制器（Controller）的缩写。它一种软件设计典范，用一种业务逻辑、数据、界面显示分离的方法组织代码，将业务逻辑聚集到一个部件里面，在改进和个性化定制界面及用户交互的同时，不需要重新编写业务逻辑。MVC被独特地发展起来用于将传统的输入、处理和输出功能映射在一个逻辑的图形化用户界面的结构中。

● 视图是什么？

视图是用户看到并与之交互的界面。MVC的好处是它能为应用程序处理很多不同的视图。在视图中其实没有真正的处理发生，不管这些数据是联机存储的还是一个雇员列表，作为视图来讲，它只是作为一种输出数据并允许用户操纵的方式。

● 模型是什么？

模型表示企业数据和业务规则。在MVC的三个部件中，模型拥有最多的处理任务。例如，它可能用像EJBs和ColdFusion Components这样的构件对象来处理数据库。被模型返回的数据是中立的，也就是说模型与数据格式无关，这样一个模型能为多个视图提供数据，由于应用于模型的代码只需写一次就可以被多个视图重用，所以减少了代码的重复性。

● 控制器是什么？

控制器接收用户的输入并调用模型和视图去完成用户的需求。控制器本身不输出任何东西和做任何处理，它只是接收请求并决定调用哪个模型构件去处理请求，然后再确定用哪个视图来显示返回的数据。

本次任务内容量较大，涉及面较广。从之前的面向过程过渡到了面向对象编程。只要具备一定的耐心和好奇心，去动手练习每一行代码相信会收获满满。目前为止，已经实现了小区快递管理功能，但是随着程序的退出，所有数据都清空了。如何能够使数据持久保存呢？一起来挑战下一个任务吧！

任务 7

实现文件加密

平时的学习和经验，是我们在危急关头最有力的支持。

—— 林肯

7.1　任务描述

　　计算机"桌面"上有一个图片文件，客户要求写一个加密和解密程序，使图片可查看或者不可查看。首次加密时程序运行过程如图 7-1 所示。

请输入要处理文件的全路径：
C:\Users\zhiga\Desktop\xzk_Logo.png
源文件已删除！
新文件加密或解密完成！

●图 7-1　文件加密过程

　　再次运行程序，输入需解密文件的完整路径得到解密后的文件，运行情况如图 7-2 所示。

请输入要处理文件的全路径：
C:\Users\zhiga\Desktop\pwd-xzk_Logo.png
源文件已删除！
新文件加密或解密完成！

●图 7-2　文件解密过程

7.2　目标

- 掌握 Java 文件常规操作。
- 掌握文件内容读写操作。
- 掌握序列化和反序列化操作。

7.3　任务线索

　　针对文件及文件读写操作 Java 提供了功能强大的类库支持。通过线索学习可以快速掌握相关知识点。

7.3.1 File 类

File 类提供了与文件、文件夹有关的操作功能，即文件的创建、删除、重命名、获取路径、创建时间等。File 类位于"java.io"包中，其常用方法见表 7-1。

表 7-1 File 类常用方法说明

方 法 原 型	说 明
public boolean createNewFile( )	当文件不存在时创建新文件。如果指定的文件不存在且已成功创建返回 true；如果指定的文件已存在返回 false
public boolean delete( )	删除文件或目录，如果是目录必须不为空才可以删除
public String getParent( )	得到文件上一级路径
public File getParentFile( )	得到文件上一级路径 File 对象
public String getName( )	得到文件或者目录名称
public boolean isDirectory( )	判断给定的路径是否为目录
public boolean isFile( )	判断给定的路径是否为文件
public String[ ] list( )	列出目录中的文件和目录
public File[ ] listFiles( )	列出目录中的所有文件
public boolean mkdir( )	创建新的目录
public boolean renameTo （File dest）	为文件重命名
public long length( )	返回文件大小
public boolean exists( )	测试文件或目录是否存在

通过示例代码来说明部分方法的使用方式。

```
1    package com.kaikeba.xinzhike;
2
3    import java.io.File;
4    import java.io.IOException;
5
6    public class FileDemo1 {
7        public static void main(String[] args) {
8            //File.separator 表示系统分隔符,跨平台考虑
9            File file = new File("c:" + File.separator + "an.txt");
10           //判断文件是否存在,如果存在则删除
11           if (file.exists()) {
12               file.delete();                //删除文件
13               System.out.println("删除文件成功!");
```

```
14              }
15          try {
16              file.createNewFile();          //创建文件
17              System.out.println("创建文件成功!");
18          } catch (IOException e) {
19              e.printStackTrace();
20          }
21      }
22  }
```

如果是 Windows 7 及以上版本系统，则需要修改 C 盘（系统盘）权限级别，在控制台（用管理员权限运行 CMD）输入命令"icacls c:\ /setintegritylevel M"，将安全级别下调至 M级，需要恢复时将 M 级改为 H 级。

下列代码展示"list"方法和"listFiles"方法的区别。

```
1   package com.kaikeba.xinzhike;
2
3   import java.io.File;
4
5   public class FileDemo2 {
6       public static void main(String[] args) {
7           File file = new File("c:" + File.separator + "Test"); //目录路径
8           String str[] = file.list(); //列出目录中的内容
9           System.out.println("---list()列出c:\\Test下所有目录级文件名称---");
10          for (int i = 0; i < str.length; i++) {
11              System.out.println(str[i]);
12          }
13          System.out.println("---listFiles()列出 c:\\Test 下所有目录级文件完整
路径---");
14          File files[] = file.listFiles();
15          for (int i = 0; i < files.length; i++) {
16              System.out.println(files[i]);
17          }
18      }
19  }
```

输出结果如图 7-3 所示。

```
---list()列出c:\Test下所有目录级文件名称---
a
b
c.txt
d.txt
---listFiles()列出c:\Test下所有目录级文件完整路径---
c:\Test\a
c:\Test\b
c:\Test\c.txt
c:\Test\d.txt

Process finished with exit code 0
```

●图 7-3　显示目录中的文件及目录

7.3.2　文件读写操作

在文件 IO（输入输出）操作中，输入和输出流是一个重要概念。在 Java IO 中，输入和输出分为两种类型，一种称为字节流，另外一种称为字符流。字节流主要操作字节数据（byte），分为 OutputStream（字节输出流）和 InputStream（字节输入流）；字符流主要操作字符数据（char），分为 Writer（字符输出流）和 Reader（字符输入流）。不管使用哪种操作，字节流和字符流操作都采用如下四个步骤完成。

1）确定文件资源位置，创建 File 对象。

2）根据 File 对象创建字节流或字符流对象。

3）进行读或写操作。

4）关闭流。

以字节流为例进行写入操作，见如下代码。

```
1    package com.kaikeba.xinzhike;
2
3    import java.io. * ;
4
5    public class FileDemo3 {
6        public static void main(String[] args) {
7            //1)确定文件资源位置,创建 File 对象
8            File file = new File("c:" + File.separator + "an.txt");
9            OutputStream out = null;      //定义字节输出流对象
10           try {
11               //2)根据 File 对象创建字节流对象
```

```
12              out = new FileOutputStream(file, true); //实例化操作的父类对象,内
                                                              容追加模式
13          } catch (FileNotFoundException e) {
14              e.printStackTrace();
15          }
16          String info = "Hello World!\r\n";   //要写入的信息,"\r\n"表示换行
17          byte b[] = info.getBytes();          //将字符串变为字节数组
18          try {
19              //3)进行读或写操作,此处是写入
20              out.write(b);                    //写入内容
21              System.out.println("写入成功!");
22          } catch (IOException e) {
23              e.printStackTrace();
24          }
25          try {
26              //4)关闭流
27              out.close();                     //关闭
28          } catch (IOException e) {
29              e.printStackTrace();
30          }
31      }
32  }
```

字节流读取代码示例如下。

```
1   package com.kaikeba.xinzhike;
2
3   import java.io.*;
4
5   public class FileDemo4 {
6       public static void main(String[] args) {
7           //1)确定文件资源位置,创建 File 对象
8           File file = new File("c:" + File.separator + "an.txt");
9           InputStream input = null;          //字节输入流
10          try {
11              //2)根据 File 对象创建字节流对象
12              input = new FileInputStream(file);
13          } catch (FileNotFoundException e) {
```

```
14              e.printStackTrace();
15          }
16          byte b[] = new byte[(int) file.length()];    //根据文件大小,开辟 byte 数
                                                         组空间
17          try {
18              //3)进行读或写操作,此处是读取
19              input.read(b);
20          } catch (IOException e) {
21              e.printStackTrace();
22          }
23          try {
24              //4)关闭流
25              input.close();
26          } catch (IOException e) {
27              e.printStackTrace();
28          }
29          //控制台输出读取内容
30          System.out.println(new String(b));
31      }
32  }
```

7.3.3　序列化与反序列化

Java 是一个面向对象的语言,当需要将对象数据进行持久化(比如写入本地文件)时可以通过序列化和反序列化技术实现,这样更加快捷、高效。本线索围绕代码功能实现进行说明,接口等内容不在本书范围内,目前阶段了解即可,后续可以通过阅读其他资料进行补充。

通过代码来走一遍上述流程。首先是创建一个序列化的类"Student",如下所示。

```
1   package com.kaikeba.xinzhike;
2
3   import java.io.Serializable;
4
5   //学生类,是一个序列化类,实现 Serializable 接口
6   public class Student implements Serializable {
7       private String name;
```

```
8        private double score;
9
10       public Student(String name, double score) {
11           this.name = name;
12           this.score = score;
13       }
14       public String getName() {
15           return name;
16       }
17       public void setName(String name) {
18           this.name = name;
19       }
20       public double getScore() {
21           return score;
22       }
23       public void setScore(double score) {
24           this.score = score;
25       }
26   }
```

创建一个"Student"对象，将对象数据进行序列化，存储到本地文件，代码如下。

```
1    package com.kaikeba.xinzhike;
2
3    import java.io.*;
4    //序列化对象数据
5    public class Demo1 {
6        public static void main(String[] args) throws IOException {
7            //1)准备对象数据
8            Student s1 = new Student("武松", 98);
9            //2)创建序列化流
10           ObjectOutputStream oos =
11               new ObjectOutputStream(
12                   new FileOutputStream("c://an.bin"));
13           //3)将 Student 对象 s1 写入文件
14           oos.writeObject(s1);
15           //4)关闭流
16           oos.close();
```

```
17              System.out.println("程序执行完毕");
18          }
19      }
```

通过反序列化可以得到已经存储好的对象数据，示例代码如下。

```
1   package com.kaikeba.xinzhike;
2
3   import java.io.*;
4
5   public class Demo2 {
6       public static void main(String[] args) throws Exception {
7           //1)创建反序列化流
8           ObjectInputStream ois = new ObjectInputStream(
9
10                  new FileInputStream("c://an.bin"));
11          //2)读取对象数据,注意强制类型转换
12          Student s = (Student) ois.readObject();
13          System.out.println(s.getName() + "考试成绩是:" + s.getScore());
14          //3)关闭流
15          ois.close();
16      }
17  }
```

以上两个代码示例基本演示了将对象进行序列化和反序列化的过程。注意只有序列化的文件才能被反序列化。"static"修饰的属性不会被序列化，因为静态的属性不依赖于对象。在不需要序列化的属性前添加关键字"transient"，序列化对象的时候，这个属性就不会被序列化。

7.4 任务实施

本次任务的业务实现比较简单，基本围绕着 IO 进行即可。其中加密算法的原理是：任何数据经过相同数字两次异或（"^"）的结果就是本身。在任务 2 中实现两数交换时也用到过这个原理。实现代码如下。

```
1   package com.kaikeba.xinzhike;
2
```

```
3    import java.io.File;

4    import java.io.FileInputStream;

5    import java.io.FileOutputStream;

6    import java.util.Scanner;

7    //加密/解密程序

8    public class Util {

9        public static void main(String[] args) throws Exception {

10           System.out.println("请输入要处理文件的全路径:");

11           Scanner input = new Scanner(System.in);

12           String fileName = input.nextLine();

13           //原文件:xzk_logo.png

14           File oldFile = new File(fileName);

15           //加密存储的新文件 pwd-xzk_logo.png

16           File newFile = new File(oldFile.getParentFile(),

17                                "pwd-"+oldFile.getName());

18

19           FileInputStream fis = new FileInputStream(oldFile);

20           FileOutputStream fos = new FileOutputStream(newFile);

21           while(true) {

22               int b = fis.read();

23               if(b == -1) {

24                   break;

25               }

26               //任何数据^相同的数字两次,结果就是其本身

27               fos.write(b^10);

28           }

29           //关闭源文件 IO 流

30           fos.close();

31           fis.close();

32           if(oldFile.delete()){    //删除源文件

33               System.out.println("源文件已删除!");

34           }

35           System.out.println("新文件加密或解密完成!");

36       }

37   }
```

7.5 验收标准

任务实施过程中没有涉及面向对象的相关内容，主要围绕字节流的输入和输出进行。验收时需要注意异常处理以及资源的及时关闭等问题。

1）命名规范、注释合理。

2）检查程序代码是否可以按照任务说明正常运行。

3）完成学习笔记。

7.6 问题总结

文件操作为什么必须进行异常处理？

Java 中进行文件操作时，如果不进行异常处理将会导致受检查异常。使用"try-catch"结构进行处理或者在方法外使用"throws"关键字进行异常声明。

7.7 扩展阅读

通过字符流向文件写入数据的代码如下。

```
1    package com.kaikeba.xinzhike;
2
3    import java.io.*;
4
5    public class WriterDemo01 {
6        public static void main(String[] args) throws IOException {
7            //指定要操作的文件
8            File file = new File("c:" + File.separator + "an.txt");
9            Writer out = null;                    //定义字节输出流对象
10           out = new FileWriter(file,true);     //追加模式
11           String info = "Hello World!!!";       //要打印的信息
12           out.write(info);                      //输出内容
13           out.close();                          //关闭
```

```
14          System.out.println("写入成功!");
15      }
16  }
```

使用字符流读取文件内容的代码如下。

```
1   package com.kaikeba.xinzhike;
2
3   import java.io.*;
4
5   public class ReaderDemo01 {
6       public static void main(String[] args) throws IOException {
7           File file = new File("c:" + File.separator + "an.txt");
                                                                    // 要读取的文件路径
8           Reader input = null;                                    // 字节输入流
9           input = new FileReader(file);
10          char b[] = new char[(int)file.length()];                // 开辟 char 数组空间
11          int len = input.read(b);                                // 读取
12          input.close();                                          // 关闭
13          System.out.println(new String(b, 0, len));
14      }
15  }
```

截至目前，通过文件操作可以将程序中的数据写入文件中进行保存了。读者们是否可以将之前任务中需要持久存取数据的地方进行重构优化呢？是否可以用一个综合化的案例进行巩固学习呢？带着这个问题，一起挑战本书最后一个任务吧！

扫一扫观看串讲视频

任务 **8**
家庭记账系统

利人乎即为，不利人乎即止。

——墨子

8.1　任务描述

有些小伙伴喜欢记账，每天对产生的支出进行记录。通过 Java 实现家庭记账系统是本章任务。作为一个相对完整的项目，从需求分析、设计、编码、测试、打包等环节完成梳理，从而了解软件项目开发流程。

8.2　目标

- 了解项目开发流程。
- 综合使用 Java 基础知识。

8.3　任务线索

项目管理是一个专业的研究方向，接下来围绕软件项目开发流程进行简单介绍，了解一个项目从无到有的过程，运用所学技能完成一个实用项目的交付。

8.3.1　项目概述

根据项目管理协会（PMI）给出的定义，项目是为创造独特的产品、服务或成果而进行的临时性工作。这里的临时性指有明确的开始和结束。以家庭记账系统为例，立项启动后经过可行性分析、确认需求文档、设计、编码、测试和部署应用等流程实施。为了保证项目的成功，项目经理需要从进度、成本、质量、沟通、风险、相关方等多个维度进行管理和跟进。因为本次任务规模不大，需求不算复杂，单个开发人员拥有基本 Java 程序基础就可以完成。在商用软件开发项目中需要团队配合，需要对项目整体有一个把控，因此会涉及除技术外很多管理方面的内容。

如何衡量一个开发人员是否有项目经验？需要熟知软件项目开发流程、吃透项目业务、具备解决技术问题的能力。了解项目从无到有是怎么展开的就明白了软件项目开发流程；做家庭账单系统，就需要知道怎么记账、怎么分类、怎么统计查询等，这些都属于业务知识，业务没搞明白做出来的项目也没办法使用；技术开发能力、调试能力也会在做项目的过程中得到最大程度的锻炼和提升。

8.3.2 项目需求

信息在传递过程中是有损失的，最容易衰减，因此开发人员与客户进行业务功能确认的时候往往会出现误解或沟通不畅的情况。项目需求的不确定性是导致开发人员加班的主要原因。家庭记账系统需求比较简单，通过功能原型展示就可以直观理解。

首先是用户管理，本系统可以完成家庭成员的添加、修改、删除和查询管理。当系统检测到是首次使用的时候弹出设置管理员信息的提示，需要录入管理员账号和密码，如图8-1所示。

```
************************
*   家庭记账系统 v1.0   *
************************
--------欢迎使用-------
           日事日毕，日增日高！

首次使用请按照提示设置管理员信息
请输入管理员账号：admin
请输入管理员密码：kkb
```

● 图8-1　首次登录界面

登录成功后出现主菜单，如图8-2所示。

```
---登录---
请输入账号：admin
请输入密码：kkb
欢迎回来,admin
---家庭记账系统---
1. 家庭成员管理
2. 录入账单
3. 修改账单
4. 删除账单
5. 我的账单
6. 查看其他成员账单
0. 退出程序
请选择：
```

● 图8-2　登录后的主菜单

管理员具备"家庭成员管理"和"查看其他成员账单"的额外功能，其他家庭成员登录后没有此功能菜单。当选择"1"时出现图8-3所示的家庭成员管理界面。

```
---家庭成员管理---
1．增加成员
2．删除成员
3．修改成员密码
4．查看所有成员
0．返回上层菜单
请选择：
```

●图 8-3　家庭成员管理

通过输入"1"可以增加成员（录入账号和密码），输入"3"可以修改成员密码，输入"2"可以删除成员账号信息。增加相关信息后输入"4"查看所有成员信息，如图 8-4 所示。

```
---家庭成员管理---
1．增加成员
2．删除成员
3．修改成员密码
4．查看所有成员
0．返回上层菜单
请选择：4
    家庭成员账号信息
    序号：0　登录名：baba 密码：888
    序号：1　登录名：mama 密码：521
```

●图 8-4　查看家庭成员账号信息

输入"0"可以返回上层菜单，在主菜单中输入"2"可以进入录入账单功能，这个也是本系统最常用的功能。需要先输入账单类型（如果不输入提示类型，会新增类型，但是查询时新增类型不能进行分类统计）、金额和描述，如图 8-5 所示。

```
---添加账单信息---
请输入账单类型(餐饮/购物/交通/娱乐/旅行/其他)：购物
请输入账单金额：15800
请输入账单描述：surface新款入手
操作成功！
```

●图 8-5　添加账单信息

录入若干条账单记录后可以通过修改和删除等菜单功能进行账单管理。选择"我的账单"会出现两种查询方式，选择按照类型查看和按时间查看，效果如图 8-6 所示。

通过切换其他家庭成员账号登录，每个账户分别进行账单信息录入后，管理员再次登录，选择"6"实现"查看其他成员账单"功能，如图 8-7 所示。

```
---选择查看账单方式---
1.按类型查看        2.按时间查看
请选择: 1
---查看的账单类型---
        1.餐饮   2.购物   3.交通
        4.娱乐   5.旅行   6.其他    0.所有账单
请选择: 0
0 账单信息:
        时间:2020-05-08 23:19
        类型:购物       金额:15800.0
        账单详情:surface新款入手
1 账单信息:
        时间:2020-05-08 23:26
        类型:旅行       金额:800.0
        账单详情:周边游
---------     共消费了:16600.0元    ---------
```

```
---选择查看账单方式---
1.查看某天账单              2.查看某段时间账单
请选择: 2
请输入开始日期(格式: yyyy-MM-dd): 2020-5-8
请输入结束时间(格式: yyyy-MM-dd):2020-5-9
0 账单信息:
        时间:2020-05-08 23:19
        类型:购物       金额:15800.0
        账单详情:surface新款入手
1 账单信息:
        时间:2020-05-08 23:26
        类型:旅行       金额:800.0
        账单详情:周边游
---------     共消费了:16600.0元    ---------
```

●图 8-6   两种查看账单方式

```
请选择: 6
        家庭成员账号信息
        序号:0   登录名: baba 密码: 888
        序号:1   登录名: mama 密码: 521
        序号:-1   查看其他家庭成员 综合账务
请观察上面的成员列表，并输入要查看的成员序号
输入-1表示家庭所有人员账单: -1
---------     <baba>的账单信息 ---------
0 账单信息:
        时间:2020-05-08 23:33
        类型:交通       金额:934.5
        账单详情:差旅费
---------     共消费了:934.5元 ---------


---------     <mama>的账单信息 ---------
0 账单信息:
        时间:2020-05-08 23:34
        类型:餐饮       金额:88.0
        账单详情:火锅
---------     共消费了:88.0元 ---------
```

●图 8-7   查看其他成员账单

基本功能需求原型展示到此告一段落。对于规模小、业务不复杂的项目，用原型展示的方式跟客户确认需求是一个不错的选择，能够尽快达成统一，同时减少后期的沟通成本。

8.3.3 设计框架

整个系统使用本地文件进行数据持久化存储（利用序列化技术），因此涉及不到数据库设计。使用基于控制台的文本界面，因此界面要求也不高。在设计层面需要考虑的问题很多，需要具备丰富的经验才能实施设计规划。以下围绕已经实现好的功能进行类文件的组

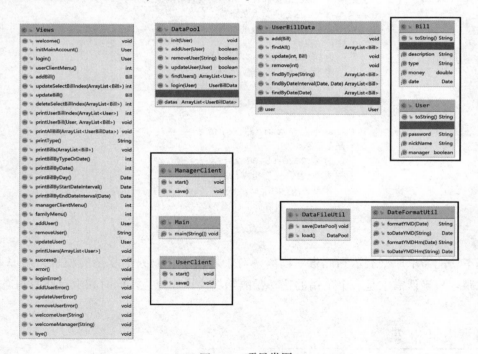

织，方便读者在实施编码前进行参考，如图 8-8 所示。

●图 8-8　项目中类文件组织结构

项目中类文件包含哪些属性和方法？类之间的结构是否可以直观了解？可以通过 IDEA 提供的类图功能进行快捷查看，如图 8-9 所示。

●图 8-9　项目类图

"bean"包中的"User"类和"Bill"类是基础数据对象类，用于表示用户和账单信息。"dao"包中的"UserBillData"类包含了一个用户对象和匹配的账单列表，对登录用户的账单进行增删改查管理。"data" 包中的 "DataPool" 类对管理员和家庭用户列表进行数据管理。"util" 包中的 "DataFileUtil" 和 "DateFormatUtil" 属于项目中的工具类，分别进行对象数据的持久化操作和日期格式化支持。"view" 包中的 "Views" 类方法比较多，围绕业务功能的菜单视图进行设计。最后，"main" 包中的 "ManagerClient" 类和 "UserClient" 类分别是管理员客户端和家庭成员客户的入口。"Main" 类是程序启动的总入口。根据业务情况将功能拆分后就可以有针对性地进行代码实现了。

8.3.4　开发实现

接下来，将依次展示这些类的一种功能实现方式。条条大路通罗马，并不是说本书的实现代码就是最优解决方案，仅仅是给 Java 程序逻辑学习入门的读者提供一个借鉴思路。为了保证代码的完整显示，以类文件为单位进行代码展示，以代码中的注释作为功能说明。在导入包时全部采用 " * " 号完成，以节省 "import" 代码的行数，同时不显示多余的空行。

"bean" 包下的 "User" 类代表用户类，参考代码如下。

```
1    package com.kaikeba.xinzhike.bean;
2    import java.io.*;
3    /**
4     * 用户信息,设置为可序列化,用于保存到文件
5     */
6    public class User implements Serializable {
7        private String nickName;          //昵称
8        private String password;          //密码
9        private boolean manager;          //是否为管理员
10       public User(String nickName, String password, boolean manager) {
11           this.nickName = nickName;
12           this.password = password;
13           this.manager = manager;
14       }
15       public User(String nickName, String password) {
16           this.nickName = nickName;
17           this.password = password;
18       }
19       public String getNickName() {
20           return nickName;
21       }
```

```
22      public void setNickName(String nickName) {
23          this.nickName = nickName;
24      }
25      public String getPassword() {
26          return password;
27      }
28      public void setPassword(String password) {
29          this.password = password;
30      }
31      public boolean isManager() {
32          return manager;
33      }
34      public void setManager(boolean manager) {
35          this.manager = manager;
36      }
37      //用于输出定制化类消息
38      public String toString() {
39          return "家庭成员登录名：" + nickName +
40              "\t\t家庭成员密码：" + password;
41      }
42  }
```

"bean" 包下的 "Bill" 类表示账单类，用于记录每笔账单，参考代码如下。

```
1   package com.kaikeba.xinzhike.bean;
2   import com.kaikeba.xinzhike.util.DateFormatUtil;
3   import java.io.*;
4   import java.util.*;
5   /**
6    * 账单信息,设置为可序列化,用于保存到文件
7    */
8   public class Bill implements Serializable {
9       private String type;           //餐饮/购物/交通/娱乐/旅行/其他
10      private double money;          //账单金额
11      private Date date;             //账单日期
12      private String description;//描述
13      //用于输出定制化类消息
14      public String toString() {
```

```
15          return "账单信息:\n\r" +
16              "\t时间:" + DateFormatUtil.formatYMDHm(date) +
17              "\n\r\t类型:" + type +
18              "\t金额:" + money +
19              "\n\r\t账单详情:" + description ;
20      }
21      public Bill() { }                //无参数构造方法
22      public Bill(String type, double money, Date date, String description) {
23          this.type = type;
24          this.money = money;
25          this.date = date;
26          this.description = description;
27      }
28      public String getType() {
29          return type;
30      }
31      public void setType(String type) {
32          this.type = type;
33      }
34      public double getMoney() {
35          return money;
36      }
37      public void setMoney(double money) {
38          this.money = money;
39      }
40      public Date getDate() {
41          return date;
42      }
43      public void setDate(Date date) {
44          this.date = date;
45      }
46      public String getDescription() {
47          return description;
48      }
49      public void setDescription(String description) {
50          this.description = description;
51      }
52  }
```

"dao" 包下的"UserBillData"类，用来存储和管理一个账户对象匹配的多个账单信息，参考代码如下。

```
1    package com.kaikeba.xinzhike.dao;
2    import com.kaikeba.xinzhike.bean.*;
3    import com.kaikeba.xinzhike.util.*;
4    import java.io.*;
5    import java.util.*;
6    /**
7     * 一个账户信息对应的多个账单信息,也设置为可序列化
8     */
9    public class UserBillData implements Serializable {
10       private User user;                            //一个账户对象
11       private ArrayList<Bill> data = new ArrayList<>(); //存储多个账单信息
12       public UserBillData(User user) {
13           this.user = user;
14       }
15       public User getUser() {
16           return user;
17       }
18       /**
19        * 添加账单
20        * @param b
21        */
22       public void add(Bill b) {
23           data.add(b);
24       }
25       /**
26        * 获取登录者所有账单
27        *
28        * @return
29        */
30       public ArrayList<Bill> findAll() {
31           return data;
32       }
33       /**
34        * 根据索引修改账单
35        * @param index
```

```
36          * @param newBill
37          */
38         public void update(int index, Bill newBill) {
39             Bill oldBill = data.get(index);
40             oldBill.setType(newBill.getType());
41             oldBill.setMoney(newBill.getMoney());
42             oldBill.setDescription(newBill.getDescription());
43         }
44         /**
45          * 根据索引删除账单
46          * @param index
47          */
48         public void remove(int index) {
49             data.remove(index);
50         }
51         /**
52          * 根据账单类型获取
53          *
54          * @param type
55          * @return
56          */
57         public ArrayList<Bill> findByType(String type) {
58             if ("所有账单".equals(type)) {
59                 return data;
60             }
61             ArrayList<Bill> typeData = new ArrayList<>();
62             for (int i = 0; i < data.size(); i++) {
63                 if (type != null && type.equals(data.get(i).getType())) {
64                     typeData.add(data.get(i));
65                 }
66             }
67             return typeData;
68         }
69         /**
70          * 根据时间区间获取
71          * @param start 开始时间
72          * @param end 结束时间
```

```
73          * @return
74          */
75         public ArrayList<Bill> findByDateInterval(Date start, Date end) {
76             ArrayList<Bill> typeData = new ArrayList<>();
77             for (int i = 0; i < data.size(); i++) {
78                 Date date = data.get(i).getDate();
79                 if (date.getTime() >= start.getTime() && date.getTime() <=
       end.getTime()) {
80                     typeData.add(data.get(i));
81                 }
82             }
83             return typeData;
84         }
85         /**
86          * 根据日期获取
87          * @param date 日期时间
88          * @return
89          */
90         public ArrayList<Bill> findByDate(Date date) {
91             ArrayList<Bill> typeData = new ArrayList<>();
92             String ymd1 = DateFormatUtil.formatYMD(date);
93             for (int i = 0; i < data.size(); i++) {
94                 String ymd2 = DateFormatUtil.formatYMD(data.get(i).getDate());
95                 if (ymd1.equals(ymd2)) {
96                     typeData.add(data.get(i));
97                 }
98             }
99             return typeData;
100        }
101    }
```

"data"包下的"DataPool"类是一个数据池类，存储管理员及其他家庭成员信息，参考代码如下。

```
1    package com.kaikeba.xinzhike.data;
2    import com.kaikeba.xinzhike.bean.User;
3    import com.kaikeba.xinzhike.dao.UserBillData;
4    import java.io.*;
```

```java
5    import java.util.*;
6    /**
7    * 存储管理员及其他家庭成员信息,可序列化
8    */
9    public class DataPool implements Serializable {
10       private ArrayList<UserBillData> datas = new ArrayList<>();
                                                    //其他家庭用户信息
11       private UserBillData manager = null;      //存储管理员信息
12       //初始化管理员信息
13       public void init(User u) {
14           manager = new UserBillData(u);
15       }
16       //增加家庭用户
17       public boolean addUser(User u) {
18           if (u == null || u.getNickName() == null || u.getPassword() ==
null) {
19               return false;
20           }
21           if (u.getNickName().equals(manager.getUser().getNickName())) {
22               return false;
23           }
24           for (int i = 0; i < datas.size(); i++) {
25               if (u.getNickName().equals(datas.get(i).getUser().getNickName
())) {
26                   return false;
27               }
28           }
29           UserBillData ubd = new UserBillData(u);
30           datas.add(ubd);
31           return true;
32       }
33       //删除家庭用户
34       public boolean removeUser(String nickName) {
35           if (nickName == null) {
36               return false;
37           }
38           int index = -1;
```

```
39          for (int i = 0; i < datas.size(); i++) {
40              if (nickName.equals(datas.get(i).getUser().getNickName())) {
41                  index = i;
42                  break;
43              }
44          }
45          if (index == -1) {
46              return false;
47          }
48          datas.remove(index);
49          return true;
50      }
51      //更新用户信息
52      public boolean updateUser(User u) {
53          if (u == null || u.getNickName() == null || u.getPassword() ==
null) {
54              return false;
55          }
56          for (int i = 0; i < datas.size(); i++) {
57              if (u.getNickName().equals(datas.get(i).getUser().getNickName
())) {
58                  datas.get(i).getUser().setPassword(u.getPassword());
59                  return true;
60              }
61          }
62          return false;
63      }
64      //查找用户信息
65      public ArrayList<User> findUsers() {
66          ArrayList<User> users = new ArrayList<>();
67          for (int i = 0; i < datas.size(); i++) {
68              users.add(datas.get(i).getUser());
69          }
70          return users;
71      }
72      //用户登录(返回管理员或者普通家庭成员信息)
73      public UserBillData login(User u) {
```

```
74            if (u = = null ‖ u.getNickName() = = null ‖ u.getPassword() = =
null) {
75            return null;
76        }
77        for (int i = 0; i < datas.size(); i++) {
78            if (u.getNickName().equals(datas.get(i).getUser().getNickName
()) && u.getPassword().equals(datas.get(i).getUser().getPassword())) {
79                return datas.get(i);
80            }
81        }
82         if (u.getNickName().equals(manager.getUser().getNickName()) &&
u.getPassword().equals(manager.getUser().getPassword())) {
83            return manager;
84        }
85        return null;
86    }
87    //获得所有家庭成员
88    public ArrayList<UserBillData> getDatas() {
89        return datas;
90    }
91 }
```

"util" 包下的 "DataFileUtil" 类对 "DataPool" 类对象的数据进行存取操作。参考代码如下。

```
1    package com.kaikeba.xinzhike.util;
2    import com.kaikeba.xinzhike.data.DataPool;
3    import java.io.*;
4    /**
5    * 通过序列化、反序列化方式进行读取和保存
6    */
7    public class DataFileUtil {
8        //存储的文件名为:xinzhike.familyBill
9        private static File file = new File("xinzhike.familyBill");
10       //保存数据
11       public static void save(DataPool dp) {
12           ObjectOutputStream oos = null;
13           try {
```

```
14              if (file.exists())
15                  file.delete();
16              oos = new ObjectOutputStream(new FileOutputStream(file));
17              oos.writeObject(dp);
18          } catch (Exception e) {
19              e.printStackTrace();
20          } finally {
21              if (oos != null) {
22                  try {
23                      oos.close();
24                  } catch (IOException e) {
25                      e.printStackTrace();
26                  }
27              }
28          }
29      }
30      //读取加载数据
31      public static DataPool load() {
32          ObjectInputStream is = null;
33          try {
34              is = new ObjectInputStream(new FileInputStream(file));
35              DataPool dp = (DataPool) is.readObject();
36              return dp;
37          } catch (Exception e) {
38              //e.printStackTrace();
39          } finally {
40              if (is != null) {
41                  try {
42                      is.close();
43                  } catch (IOException e) {
44                  }
45              }
46          }
47          return null;
48      }
49  }
```

"util"包下的"DateFormatUtil"类是一个封装的日期格式化类。参考代码如下。

```
1    package com.kaikeba.xinzhike.util;
2    import java.text.*;
3    import java.util.*;
4    /**
5     * 数据格式化工具类(年-月-日)
6     */
7    public class DateFormatUtil {
8        private static SimpleDateFormat ymd = new SimpleDateFormat("yyyy-MM-
dd");
9        private static SimpleDateFormat ymdhm = new SimpleDateFormat("yyyy-MM
-dd HH:mm");
10       public static String formatYMD(Date date) {
11           return ymd.format(date);
12       }
13       public static Date toDateYMD(String date) throws ParseException {
14           return ymd.parse(date);
15       }
16       public static String formatYMDHm(Date date) {
17           return ymdhm.format(date);
18       }
19       public static Date toDateYMDHm(String date) throws ParseException {
20           return ymdhm.parse(date);
21       }
22   }
```

"view"包下的"Views"类用户进行各种菜单的显示管理。参考代码如下。

```
1    package com.kaikeba.xinzhike.view;
2    import com.kaikeba.xinzhike.bean.*;
3    import com.kaikeba.xinzhike.dao.*;
4    import com.kaikeba.xinzhike.util.*;
5    import java.text.*;
6    import java.util.*;
7    /**
8     * 菜单视图
9     */
10   public class Views {
11       //接收用户输入
```

```
12          private Scanner input = new Scanner(System.in);
13          public void welcome() {
14              System.out.println("******************** \n" +
15                  "* 家庭记账系统 v1.0 * \n" +
16                  "********************");
17              System.out.println("--------欢迎使用-------");
18              System.out.println("\t \t 日事日毕,日增日高!\n");
19          }
20          //初始化主账户信息
21          public User initMainAccount() {
22              welcome();
23              System.out.println("首次使用请按照提示设置管理员信息");
24              System.out.print("请输入管理员账号:");
25              String nickName = input.next();
26              System.out.print("请输入管理员密码:");
27              String password = input.next();
28              User u = new User(nickName, password);
29              u.setManager(true);
30              return u;
31          }
32          //登录
33          public User login() {
34              System.out.println("---登录---");
35              System.out.print("请输入账号:");
36              String nickName = input.next();
37              System.out.print("请输入密码:");
38              String password = input.next();
39              User u = new User(nickName, password);
40              return u;
41          }
42          //普通用户主菜单
43          public int userClientMenu() {
44              System.out.println("---账单管理---");
45              System.out.println("1. 录入账单");
46              System.out.println("2. 修改账单");
47              System.out.println("3. 删除账单");
48              System.out.println("4. 我的账单");
```

```
49        System.out.println("0. 退出程序");
50        System.out.print("请选择:");
51        int num = -1;
52        if (input.hasNextInt()) {
53            num = input.nextInt();
54        } else {
55            input.next();
56        }
57        if (num < 0 || num > 4) {
58            //当输入不合理时,重新输入
59            System.out.println("输入有误!请重新操作!");
60            return userClientMenu();
61        }
62        return num;
63    }
64    //添加账单信息
65    public Bill addBill() {
66        System.out.println("---添加账单信息---");
67        String type = null;
68        Date date = new Date();
69        String description = null;
70        double money = 0.0;
71        System.out.print("请输入账单类型(餐饮/购物/交通/娱乐/旅行/其他):");
72        type = input.next();
73        while (true) {
74            System.out.print("请输入账单金额:");
75            if (input.hasNextDouble()) {
76                money = input.nextDouble();
77            } else {
78                input.next();
79            }
80            if (money > 0.0) {
81                break;
82            } else {
83                System.out.println("金额输入有误");
84            }
85        }
```

```
86          System.out.print("请输入账单描述:");
87          description = input.next();
88          Bill b = new Bill(type, money, date, description);
89          return b;
90      }
91      //选择账单修改
92      public int updateSelectBillIndex(ArrayList<Bill> data) {
93          printBills(data);
94          System.out.print("请观察上面的账单列表,并输入要修改的账单序号:");
95          int index = -1;
96          while (true) {
97              if (input.hasNextInt()) {
98                  index = input.nextInt();
99              } else {
100                 input.next();
101             }
102             if (index < 0 || index >= data.size()) {
103                 System.out.print("输入有误,请重新输入要修改的账单序号:");
104             } else {
105                 return index;
106             }
107         }
108     }
109     //更新账单信息
110     public Bill updateBill() {
111         System.out.println("---更新账单信息---");
112         String type = null;
113         String description = null;
114         double money = 0.0;
115         System.out.print("请输入账单类型(餐饮/购物/交通/娱乐/旅行/其他):");
116         type = input.next();
117         while (true) {
118             System.out.print("请输入账单金额:");
119             if (input.hasNextDouble())
120                 money = input.nextDouble();
121             else
122                 input.next();
```

```
123            if (money > 0.0) {
124                break;
125            } else {
126                System.out.println("金额输入有误");
127            }
128        }
129        System.out.println("请输入账单描述:");
130        description = input.next();
131        Bill b = new Bill(type, money, null, description);
132        return b;
133    }
134    //删除账单
135    public int deleteSelectBillIndex(ArrayList<Bill> data) {
136        printBills(data);
137        System.out.print("---删除账单---");
138        System.out.print("请选择要删除的账单序号:");
139        int index = -1;
140        while (true) {
141            if (input.hasNextInt()) {
142                index = input.nextInt();
143            } else {
144                input.next();
145            }
146            if (index < 0 || index >= data.size()) {
147                System.out.print("输入有误,请重新输入要删除的账单序号:");
148            } else {
149                return index;
150            }
151        }
152    }
153    //查看家庭成员信息
154    public int printUserBillIndex(ArrayList<User> data) {
155        printUsers(data);
156        System.out.println("\t序号:-1\t查看其他家庭成员综合账单");
157        System.out.println("请观察上面的成员列表,并输入要查看的成员序号");
158        System.out.print("输入-1表示家庭所有人员账单:");
159        int index = -2;
```

```
160        while (true) {
161            if (input.hasNextInt()) {
162                index = input.nextInt();
163            } else {
164                input.next();
165            }
166            if (index < -1 || index >= data.size()) {
167                System.out.print("输入有误,请重新输入要删除的账单序号:");
168            } else {
169                return index;
170            }
171        }
172    }
173    //打印某个用户的账单信息
174    public void printUserBill(User u, ArrayList<Bill> data) {
175        if (data == null || data.size() == 0) {
176            System.out.println("家庭成员" + u.getNickName() + "无账单信息");
177            return;
178        }
179        System.out.println("------\t<" + u.getNickName() + ">的账单信息\t------");
180        printBills(data);
181    }
182    //打印全部账单信息
183    public void printAllBill(ArrayList<UserBillData> datas) {
184        if (datas == null || datas.size() == 0) {
185            System.out.println("暂无账单信息");
186            return;
187        }
188        for (int i = 0; i < datas.size(); i++) {
189            printUserBill(datas.get(i).getUser(), datas.get(i).findAll());
190        }
191    }
192    //用户选择账单类型
193    public String printType() {
194    w1:
195        while (true) {
```

```
196              System.out.println("---查看的账单类型---");
197              System.out.println("\t1.餐饮\t2.购物\t3.交通");
198              System.out.println("\t4.娱乐\t5.旅行\t6.其他\t0.所有账单");
199              System.out.print("请选择:");
200              String type = input.next();
201              switch (type) {
202                  case "1":
203                      return "餐饮";
204                  case "2":
205                      return "购物";
206                  case "3":
207                      return "交通";
208                  case "4":
209                      return "娱乐";
210                  case "5":
211                      return "旅行";
212                  case "6":
213                      return "其他";
214                  case "0":
215                      return "所有账单";
216                  default:
217                      System.out.println("账单类型输入有误!");
218              }
219          }
220      }
221      //打印所有账单详情,并进行汇总
222      public void printBills(ArrayList<Bill> data) {
223          if (data == null || data.size() == 0) {
224              System.out.println("无账单信息");
225              return;
226          }
227          double money = 0.0;
228          for (int i = 0; i < data.size(); i++) {
229              Bill b = data.get(i);
230              String text = "序号" + i + ",信息如下:\n\r" +
231                  "\t时间:" + DateFormatUtil.formatYMDHm(b.getDate()) +
232                  "\n\r\t类型:" + b.getType() +
```

```
233                   "\t 金额:" + b.getMoney() +
234                   "\n \r \t 账单详情:" + b.getDescription();
235              System.out.println(i + "" + data.get(i).toString());
236              money += b.getMoney();
237          }
238          System.out.println("---------\t 共消费了:" + money + "元 \t---------
\n\r");
239      }
240      //选择查看账单方式
241      public int printBillByTypeOrDate() {
242          int m = -1;
243          System.out.println("---选择查看账单方式---");
244          while (true) {
245              System.out.println("1. 按类型查看 \t \t2. 按时间查看");
246              System.out.print("请选择:");
247              if (input.hasNextInt()) {
248                  m = input.nextInt();
249              } else {
250                  input.next();
251              }
252              if (m < 1 ||m > 2) {
253                  System.out.println("输入有误,请重新输入");
254              } else {
255                  return m;
256              }
257          }
258      }
259      //按日期查看
260      public int printBillByDate() {
261          int m = -1;
262          System.out.println("---选择查看账单方式---");
263          while (true) {
264              System.out.println("1. 查看某天账单 \t \t2. 查看某段时间账单");
265              System.out.print("请选择:");
266              if (input.hasNextInt()) {
267                  m = input.nextInt();
268              } else {
269                  input.next();
```

```
270              }
271              if (m < 1 ||m > 2) {
272                  System.out.println("输入有误,请重新输入");
273              } else {
274                  return m;
275              }
276          }
277      }
278      //某天账单查看
279      public Date printBillByDay() {
280          System.out.print("请输入查看的时间(格式：yyyy-MM-dd ):");
281          String day = input.next();
282          try {
283              Date date = DateFormatUtil.toDateYMD(day);
284              return date;
285          } catch (ParseException e) {
286              System.out.println("日期格式输入有误,请重新输入");
287              return printBillByDay();
288          }
289      }
290      //某个时间段账单信息查看(开始日期)
291      public Date printBillByStartDateInterval() {
292          System.out.print("请输入开始日期(格式:yyyy-MM-dd):");
293          String day = input.next();
294          try {
295              Date date = DateFormatUtil.toDateYMD(day);
296              return date;
297          } catch (ParseException e) {
298              System.out.println("日期格式输入有误,请重新输入");
299              return printBillByStartDateInterval();
300          }
301      }
302      //某个时间段账单信息查看(结束日期)
303      public Date printBillByEndDateInterval(Date start) {
304          System.out.print("请输入结束时间(格式:yyyy-MM-dd):");
305          String day = input.next();
306          try {
```

```
307                     Date date = DateFormatUtil.toDateYMD(day);
308                     if (date.getTime() < start.getTime()) {
309                         System.out.println("结束时间必须大于等于开始时间");
310                         return printBillByEndDateInterval(start);
311                     }
312                     return date;
313                 } catch (ParseException e) {
314                     System.out.println("日期格式输入有误,请重新输入");
315                     return printBillByEndDateInterval(start);
316                 }
317             }
318             //管理员主菜单
319             public int managerClientMenu() {
320                 System.out.println("---家庭记账系统---");
321                 System.out.println("1.家庭成员管理");
322                 System.out.println("2.录入账单");
323                 System.out.println("3.修改账单");
324                 System.out.println("4.删除账单");
325                 System.out.println("5.我的账单");
326                 System.out.println("6.查看其他成员账单");
327                 System.out.println("0.退出程序");
328                 System.out.print("请选择:");
329                 int num = -1;
330                 if (input.hasNextInt()) {
331                     num = input.nextInt();
332                 } else {
333                     input.next();
334                 }
335                 if (num < 0 || num > 6) {
336                     //当输入不合理时,重新输入
337                     System.out.println("输入有误!请重新操作!");
338                     return managerClientMenu();
339                 }
340                 return num;
341             }
342             //家庭成员管理菜单
343             public int familyMenu() {
```

```
344             System.out.println("---家庭成员管理---");
345             System.out.println("1.增加成员");
346             System.out.println("2.删除成员");
347             System.out.println("3.修改成员密码");
348             System.out.println("4.查看所有成员");
349             System.out.println("0.返回上层菜单");
350             System.out.print("请选择:");
351             int num = -1;
352             if (input.hasNextInt()) {
353                 num = input.nextInt();
354             } else {
355                 input.next();
356             }
357             if (num < 0 || num > 4) {
358                 // 当输入不合理时,重新输入
359                 System.out.println("输入有误!请重新操作!");
360                 return familyMenu();
361             }
362             return num;
363         }
364         //添加用户的视图
365         public User addUser() {
366             System.out.println("---增加成员---");
367             System.out.println("请输入成员登录名:");
368             String nickName = input.next();
369             System.out.println("请输入密码:");
370             String password = input.next();
371             User u = new User(nickName, password);
372             return u;
373         }
374         //删除用户的视图
375         public String removeUser() {
376             System.out.print("请输入要删除的登录名:");
377             String nickName = input.next();
378             return nickName;
379         }
380         //管理员修改用户密码
```

```
381    public User updateUser() {
382        System.out.println("---修改账户密码---");
383        System.out.println("请输入要修改的登录名:");
384        String nickName = input.next();
385        System.out.println("请输入此账户的新密码:");
386        String password = input.next();
387        User u = new User(nickName, password);
388        return u;
389    }
390    //查看所有用户
391    public void printUsers(ArrayList<User> users) {
392        if (users == null || users.size() == 0) {
393            System.out.println("无用户信息");
394            return;
395        }
396        System.out.println("\t 家庭成员账号信息");
397        for (int i = 0; i < users.size(); i++) {
398            User u = users.get(i);
399            String text = "\t 序号:" + i + "\t 登录名:" + u.getNickName() +
400                    "\t 密码:" + u.getPassword();
401            System.out.println(text);
402        }
403    }
404    //以下输出不同提示文本
405    public void success() {
406        System.out.println("操作成功!");
407    }
408    public void error() {
409        System.out.println("操作失败!");
410    }
411    public void loginError() {
412        System.out.println("登录名或密码错误,请检查!");
413    }
414    public void addUserError() {
415        System.out.println("登录名已存在,添加失败");
416    }
417    public void updateUserError() {
```

```
418              System.out.println("登录名不存在,修改失败");
419          }
420      public void removeUserError() {
421              System.out.println("登录名不存在,删除失败");
422          }
423      public void welcomeUser(String nickName) {
424              System.out.println("欢迎回来," + nickName);
425          }
426      public void welcomeManager(String nickName) {
427              System.out.println("尊敬的管理员 " + nickName + " , 欢迎回来!");
428          }
429      public void bye() {
430              System.out.println("程序退出,再见!");
431          }
432  }
```

"main" 包中的 "UserClient" 类完成家庭用户账单管理功能，参考代码如下。

```
1    package com.kaikeba.xinzhike.main;
2    import com.kaikeba.xinzhike.bean.*;
3    import com.kaikeba.xinzhike.dao.*;
4    import com.kaikeba.xinzhike.data.*;
5    import com.kaikeba.xinzhike.view.*;
6    import com.kaikeba.xinzhike.util.*;
7    import java.util.*;
8    /**
9     * 家庭用户账单管理
10    */
11   public class UserClient {
12       private Views v;
13       private DataPool dp;
14       private UserBillData ubd;
15       //构造方法
16       public UserClient(Views v, DataPool dp, UserBillData ubd) {
17           this.v = v;
18           this.dp = dp;
19           this.ubd = ubd;
20       }
```

```
21          //启动菜单
22      public void start() {
23          v.welcomeUser(ubd.getUser().getNickName());
24          while (true) {
25              int key = v.userClientMenu();
26              switch (key) {
27                  case 1: {
28                      //录入账单
29                      Bill b = v.addBill();
30                      ubd.add(b);
31                      v.success();
32                      break;
33                  }
34                  case 2: {
35                      //修改账单
36                      int index = v.updateSelectBillIndex(ubd.findAll());
37                      Bill b = v.updateBill();
38                      ubd.update(index, b);
39                      v.success();
40                      break;
41                  }
42                  case 3: {
43                      //删除账单
44                      int index = v.deleteSelectBillIndex(ubd.findAll());
45                      ubd.remove(index);
46                      v.success();
47                      break;
48                  }
49                  case 4: {
50                      //我的账单
51                      int t = v.printBillByTypeOrDate();
52                      if (t == 1) {
53                          String type = v.printType();
54                          ArrayList<Bill> data = ubd.findByType(type);
55                          v.printBills(data);
56                      } else {
57                          int byDate = v.printBillByDate();
```

```
58                    if (byDate == 1) {
59                        Date date = v.printBillByDay();
60                        ArrayList<Bill> data = ubd.findByDate(date);
61                        v.printBills(data);
62                    } else {
63                        Date start = v.printBillByStartDateInterval();
64                        Date end = v.printBillByEndDateInterval(start);
65                        ArrayList<Bill> data = ubd.findByDateInterval
(start, end);
66                        v.printBills(data);
67                    }
68                }
69
70                break;
71            }
72            case 0: {
73                //退出程序
74                v.bye();
75                System.exit(0);
76            }
77            }
78            switch (key) {
79                case 1:
80                case 2:
81                case 3:
82                    //增删改保存到本地
83                    save();
84                    break;
85            }
86        }
87    }
88    //保存
89    public void save() {
90        DataFileUtil.save(dp);
91    }
92 }
```

"main" 包中的 "ManagerClient" 类用于管理员菜单功能实现。参考代码如下。

```
1    package com.kaikeba.xinzhike.main;
2    import com.kaikeba.xinzhike.bean.*;
3    import com.kaikeba.xinzhike.dao.*;
4    import com.kaikeba.xinzhike.data.*;
5    import com.kaikeba.xinzhike.util.*;
6    import com.kaikeba.xinzhike.view.*;
7    import java.util.*;
8    /**
9     * 管理员菜单管理
10    */
11   public class ManagerClient {
12       private Views v;
13       private DataPool dp;
14       private UserBillData ubd;
15       public ManagerClient(Views v, DataPool dp, UserBillData ubd) {
16           this.v = v;
17           this.dp = dp;
18           this.ubd = ubd;
19       }
20       //启动
21       public void start() {
22           v.welcomeUser(ubd.getUser().getNickName());
23           while (true) {
24               int key = v.managerClientMenu();
25               switch (key) {
26                   case 1: {
27                       //家庭成员管理
28                       familyManager();
29                       break;
30                   }
31                   case 2: {
32                       //录入账单
33                       Bill b = v.addBill();
34                       ubd.add(b);
35                       v.success();
36                       break;
37                   }
```

```
38          case 3: {
39              //修改账单
40              int index = v.updateSelectBillIndex(ubd.findAll());
41              Bill b = v.updateBill();
42              ubd.update(index, b);
43              v.success();
44              break;
45          }
46          case 4: {
47              //删除账单
48              int index = v.deleteSelectBillIndex(ubd.findAll());
49              ubd.remove(index);
50              v.success();
51              break;
52          }
53          case 5: {
54              //我的账单
55              int t = v.printBillByTypeOrDate();
56              if (t == 1) {
57                  String type = v.printType();
58                  ArrayList<Bill> data = ubd.findByType(type);
59                  v.printBills(data);
60              } else {
61                  int byDate = v.printBillByDate();
62                  if (byDate == 1) {
63                      Date date = v.printBillByDay();
64                      ArrayList<Bill> data = ubd.findByDate(date);
65                      v.printBills(data);
66                  } else {
67                      Date start = v.printBillByStartDateInterval();
68                      Date end = v.printBillByEndDateInterval(start);
69                      ArrayList<Bill> data = ubd.findByDateInterval(start, end);
70                      v.printBills(data);
71                  }
72              }
73              break;
```

```
74                        }
75                        case 6: {
76                            //家庭成员账单
77                            ArrayList<User> users = dp.findUsers();
78                            int index = v.printUserBillIndex(users);
79                            if (index == -1) {
80                                ArrayList<UserBillData> datas = dp.getDatas();
81                                v.printAllBill(datas);
82                            } else {
83                                User u = users.get(index);
84                                UserBillData data = dp.getDatas().get(index);
85                                v.printUserBill(u, data.findAll());
86                            }
87                            break;
88                        }
89                        case 0: {
90                            //退出程序
91                            v.bye();
92                            System.exit(0);
93                            break;
94                        }
95                    }
96                    switch (key) {
97                        case 2:
98                        case 3:
99                        case 4:
100                            save();
101                            break;
102                    }
103                }
104            }
105            //家庭成员管理
106            private void familyManager() {
107                while (true) {
108                    int key = v.familyMenu();
109
110                    switch (key) {
```

```
111          case 1: {
112              //增加成员
113              User user = v.addUser();
114              boolean flag = dp.addUser(user);
115              if (flag) {
116                  v.success();
117              } else {
118                  v.addUserError();
119              }
120              break;
121          }
122          case 2: {
123              //删除成员
124              String nickName = v.removeUser();
125              boolean flag = dp.removeUser(nickName);
126              if (flag) {
127                  v.success();
128              } else {
129                  v.removeUserError();
130              }
131              break;
132          }
133          case 3: {
134              //修改成员密码
135              User u = v.updateUser();
136              boolean flag = dp.updateUser(u);
137              if (flag) {
138                  v.success();
139              } else {
140                  v.updateUserError();
141              }
142              break;
143          }
144          case 4: {
145              //查看所有成员
146              ArrayList<User> users = dp.findUsers();
147              v.printUsers(users);
```

```
148                    break;
149                }
150            case 0: {
151                return;
152            }
153        }
154        switch (key) {
155            case 1:
156            case 2:
157            case 3:
158                //增删改时保存
159                save();
160        }
161    }
162  }
163    //保存
164    public void save() {
165        DataFileUtil.save(dp);
166    }
167 }
```

最后是"main"包下的启动类"Main"，完成程序入口代码，具体如下。

```
1   package com.kaikeba.xinzhike.main;
2   import com.kaikeba.xinzhike.bean. *;
3   import com.kaikeba.xinzhike.dao. *;
4   import com.kaikeba.xinzhike.data. *;
5   import com.kaikeba.xinzhike.util. *;
6   import com.kaikeba.xinzhike.view. *;
7   /**
8    * 程序启动类
9    */
10  public class Main {
11      private static Views v;
12      private static DataPool dp;
13      private static UserBillData ubd;
14      //主方法
15      public static void main(String[] args) {
```

```
16          //初始化
17          init();
18          //欢迎
19          v.welcome();
20          //开始登录
21          while (true) {
22              login();
23          }
24      }
25      //登录
26      private static void login() {
27          User u = v.login();
28          ubd = dp.login(u);
29          //判断登录结果
30          if (ubd == null) {
31              //登录失败提示
32              v.loginError();
33          } else if (ubd.getUser().isManager()) {
34              //管理员登录成功
35              ManagerClient client = new ManagerClient(v, dp, ubd);
36              //启动管理员客户端
37              client.start();
38          } else {
39              //其他家庭成员登录成功
40              UserClient client = new UserClient(v, dp, ubd);
41              //启动家庭成员客户端
42              client.start();
43          }
44      }
45      //初始化
46      private static void init() {
47          //初始化视图对象
48          v = new Views();
49          //加载本地文件
50          dp = DataFileUtil.load();
51          //如果加载失败,表示第一次使用,进行初始化
52          if (dp == null) {
```

```
53              dp = new DataPool();
54              User user = v.initMainAccount();
55              dp.init(user);
56              v.success();
57              DataFileUtil.save(dp);
58          }
59      }
60  }
```

8.3.5 测试环节

软件调试的目的是定位问题和解决问题，而软件测试的目的是发现程序系统中的缺陷。测试是保证软件项目质量的关键环节之一，贯穿整个软件项目生命周期。软件测试发展从理论到实践已经是一个非常成体系的垂直领域。按照阶段可以分为单元测试、集成测试、系统测试等，从测试方法上可以分为白盒测试、黑盒测试、灰盒测试等。

家庭记账系统基于控制台的应用，其测试的主要关注点在于操作过程中的异常录入是否有处理及业务流程功能是否实现。小型项目中一个常见的现象是开发人员兼任测试人员，但是随着项目规模和项目价值的变化，整个软件开发团队中需要多个角色存在，其中软件测试工程师也是一个重要角色。

8.3.6 Java 项目打包

家庭记账系统功能开发完毕，如何让用户进行使用呢？用户使用时不可能安装 IDEA 然后执行代码。接下来，介绍如何在计算机中直接双击程序运行。

第一步：在 IDEA 中将 Java 程序打包为 JAR 文件。如图 8-10 所示，依次单击菜单项"File"→"Project Structure"。

在"Project Structure"对话框中选择"Artifacts"→"JAR"→"From modules with dependencies"，如图 8-11 所示。

在打开的"Create JAR from Modules"对话框中确定好"Main Class"，即含有主方法的类，如图 8-12 所示。

单击"OK"按钮后出现图 8-13 所示界面，在"Output directory"中选择要输出 JAR 文件的目录，单击"OK"按钮确认。

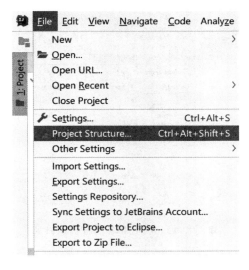

●图 8-10　打开"Project Structure"对话框

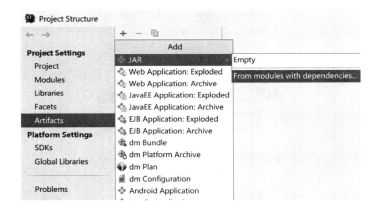

●图 8-11　在"Artifacts"中新增 JAR 文件

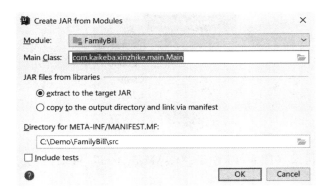

●图 8-12　确定"Main Class"

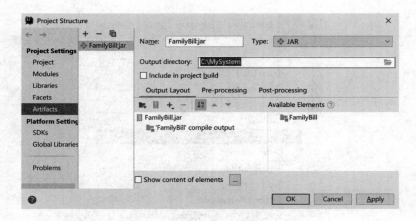

●图 8-13 确定 JAR 文件输出目录

第二步：生成。选择菜单项 "Build" → "Build Articacts"，如图 8-14 所示。

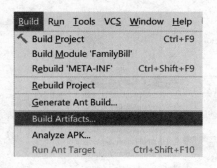

●图 8-14 "Build Artifacts" 菜单项

当出现图 8-15 所示菜单时，直接选择 "Build" 命令，稍等一会儿，提示 "Compilation Finished"，表示顺利完成。

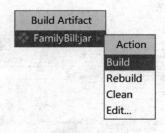

●图 8-15 生成项目

打开指定的输出目录（图 8-13 中是 "C:\MySystem" 目录），会发现 "FamilyBill. jar" 文件已经就绪。

第三步：在同级目录中新建文本文件，打开后输入两行 DOS 指令后保存关闭，指令如下。

```
color f0
java -jar FamilyBill.jar
```

"color f0"指令表示要设置命令行窗口的背景颜色为白色（"f"），前景颜色为黑色（"0"）。"java －jar FamilyBill.jar"表示通过"java"命令的"jar"参数执行"FamilyBill.jar"文件。最后，将".txt"文本文件重命名为"家庭记账系统.bat"，系统会提示"如果改变文件扩展名，可能会导致文件不可用"，直接单击"是"，然后双击"家庭记账系统.bat"文件就可以看到图8-16所示的运行结果。可以开始愉快地进行家庭记账了。

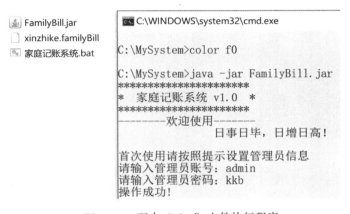

●图8-16 双击".bat"文件执行程序

".bat"文件叫批处理文件，可以将要执行的DOS指令写在该文件中，然后执行命令。市面上也有一些可以将JAR文件打包为".exe"的可执行文件程序，读者可以自行查阅。

8.4 任务实施

在任务线索中提供了每个环节的执行方案，按照线索进行练习就可以完成本次"家庭记账系统"的任务。首次学习难免会遇到这样或者那样的问题，只要保持足够的耐心坚持下去，将会收获满满的成就感。

8.5 验收标准

最好的验收标准就是使用者的认可。快让周边的朋友们试用"家庭记账系统"，让每个人都成为一个勤俭节约、心中有数的记账达人。同时，可以根据用户的反馈，进行功能扩展、代码重构，从而产生更多价值。

8.6　问题总结

　　将每个任务完成过程中的问题和解决方案进行记录总结，成为 Java 学习路上的养分，稳扎稳打，继续向 Java 程序高阶技能学习出发。